Landscape Architecture Ingenuity Dream Building

造园·匠心·筑梦

江苏省园艺博览会实践与创新

江苏省住房和城乡建设厅　编著

东南大学出版社

内容简介

江苏省园艺博览会在全国具有广泛的知名度和影响力，已经成为改善城市人居环境、提升城市品质、打造城市品牌、激活城市区域发展、具有显著综合效应的行业盛会。本书总结了历届江苏省园艺博览会在生态文明、资源节约、科技进步、文化传承和园林艺术发展等方面的实践与创新，介绍了江苏省在城市园林绿化及城市空间品质提升方面的经验，展现了江苏风景园林行业打造诗意栖居、谱写江苏新篇章、共筑中国梦的不懈努力和追求。

该书突出国际办会背景下江苏省先进的办会模式和造园主张，体现彰显时代性、本土性和互动性等特征的江苏智慧和实践创新，旨在对江苏乃至全国风景园林行业的发展和风景园林学科的进步产生积极推动作用。

该书适用于风景园林、城乡规划、建筑设计从业人员与政府相关人员，以及大专院校相关专业师生。

图书在版编目（CIP）数据

造园·匠心·筑梦：江苏省园艺博览会实践与创新/江苏省住房和城乡建设厅编著．—南京：东南大学出版社，2018.9

ISBN 978-7-5641-7982-3

Ⅰ．①造… Ⅱ．①江… Ⅲ．①园艺-博览会-概况-江苏 Ⅳ．①S68-282.53

中国版本图书馆CIP数据核字（2018）第206212号

造园·匠心·筑梦：江苏省园艺博览会实践与创新

编　　著　江苏省住房和城乡建设厅
出版发行　东南大学出版社
社　　址　南京市四牌楼2号（邮编：210096）
出 版 人　江建中
经　　销　全国各地新华书店
印　　刷　徐州绪权印刷有限公司

开　　本　889 mm ×1194 mm　1/16
印　　张　13.5
字　　数　360千字
版　　次　2018年9月第1版
印　　次　2018年9月第1次印刷
书　　号　ISBN 978-7-5641-7982-3
定　　价　198.00元

本社图书若有印装质量问题，请直接与营销部联系，电话：025-83791830。

前　言

江苏省园艺博览会是由江苏省人民政府主办，江苏省住房和城乡建设厅牵头，全省设区市共同参与，以博览园建设为载体，以园林园艺发展成就展示和科技、艺术探索交流为主要目的的展会。

江苏省园艺博览会始于 2000 年，在全国省级地方政府中开办时间最早，迄今已经举办了十届。江苏省园艺博览会从起初单一的园林园艺展会，已经演变成为改善城市人居环境、提升城市品质、打造城市品牌、激活城市区域发展、具有显著综合效应的行业盛会。每一届江苏省园艺博览会为承办城市留下了一处高品质的综合性公园，记录了江苏省园林园艺发展的轨迹，成为江苏的一个绿色品牌，在全国具有广泛的知名度和影响力。江苏省园艺博览会的成功举办，使省内城市人居环境、城市风貌得到进一步改善，全省园林园艺整体水平得以明显提升，江苏成为全国第一个“国家园林城市”全覆盖的省份。

“造园一匠心一筑梦”，体现了江苏省举办园艺博览会的基本思路。每一届江苏省园艺博览会，汇聚的是全省智慧与优秀创作力量，体现出探索创新、勇于实践的时代精神，为地方百姓建设的是一处具有示范和引领意义的综合性公园；积累的是一系列独具匠心的具有推广价值的丰硕成果和经验；展现的是江苏风景园林行业打造诗意栖居、谱写江苏新篇章、共筑中国梦的不懈努力和追求。本书梳理了江苏省园艺博览会的发展背景，回顾了历届江苏省园艺博览会与时俱进的发展历程，从彰显时代性、本土性、互动性等角度阐述了江苏省园艺博览会的匠心之道，从促进行业进步、改善人居环境、丰富百姓生活等方面总结了江苏省园艺博览会带来的综合效应。

编写本书，旨在总结江苏省园艺博览会在江苏省城市园林绿化及城市空间品质提升方面的经验，总结历届江苏省园艺博览会在生态文明、资源节约、科技进步、文化传承和园林艺术发展等方面的实践与创新，从而促进生态文明建设、践行绿色发展以及促进美好城乡建设，不断满足人民群众对美好生活的向往，为建设“强富美高”新江苏做出积极贡献。

本书由江苏省住房和城乡建设厅组织编写，由江苏省城市规划设计研究院承担相关资料的收集、整理和具体编写工作。在调研和编写过程中，编写组得到了各地园林、住建等相关部门以及历届江苏省园艺博览会参建单位和个人的大力支持。在此，表示衷心的感谢！

目录

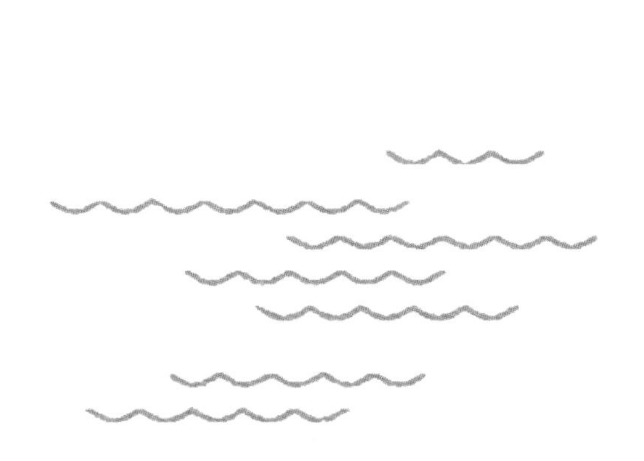

第一章

追本溯源

园艺博览会，即园博会，是以园林园艺为主要展示内容的专业型博览会。园博会一般包括室外园林艺术展和室内专题展等部分，室外依托园艺博览园（下文简称“博览园”），展示现代造园艺术以及园林行业新成果等；室内主要为各项园林园艺专题展以及学术研讨、商贸交流等。园博会内容丰富、覆盖面广，对促进行业进步，带动城市社会、文化、经济发展起到了积极作用。

一、园博会的发展

园博会的发展主要分为三个阶段：第一阶段为20世纪以前，为孕育阶段，随着工业革命带来的社会进步，出现了多国参与、以综合展示为主要目的的博览会；第二阶段为20世纪，为成长阶段，随着园博会国际展览局（BIE）和国际园艺生产者协会（AIPH）这两个重要机构的成立，园博会的组织更加规范化，并被赋予了更多的时代意义；第三阶段为21世纪，为成熟阶段，园博会的举办重心逐渐从发达国家转向发展中国家，组织方式更为多样化。

（一）社会发展催生园博会雏形

园博会起源于以经济贸易为主要功能的市集。18世纪后期，伴随着工业革命，新技术和新产品不断涌现，随后出现了以宣传、展出新产品和成果为目的的展览会，包括以园艺为主题的展览会，如1809年在比利时举办的欧洲第一次大型园艺展；到19世纪，贸易范围扩大到全球，展览会的规模逐步扩大，展示时间逐渐拉长，参展国家逐渐增多，形成了具有全球影响力的综合性博览会，此后又进而发展形成了各类专业博览会，1883年在荷兰首都阿姆斯特丹举办了世界上首届以园艺为主题的博览会，也就是今天大家所熟知的园艺博览会的雏形。

1. 时代背景

• 古典园林园艺为园博会发展提供了社会基础

整体而言，园博会的孕育过程是园林园艺与现代社会发展融合的产物。园林园艺是一门古老艺术，有着物质和精神两大形态，从其诞生之日起就在人类文明和社会发展中起着重要作用，并伴随着人类文明的进步而发展，它涉及思想、情感、文学、绘画、哲学、宗教、社会习俗等人类文化，融合了人类审美和自然哲学，呈现了地域景观的典型特征，营造了美好的生活环境。园林园艺为园博会发展提供了社会基础和精神支撑，由于工业革命以前农业社会生产力较为低下，园林园艺最初以服务上层社会为主，随着生产力发展和社会进步，园林园艺逐渐走向大众，园博会才逐渐开始萌芽。

• 工业革命为园博会的孕育发展提供了物质基础

18世纪中叶开始的工业革命，让社会生产力得到极大提升，为园博会的孕育发展提供了物质基础。按照史学家麦迪森（Angus Maddsion）的估算，公元元年时世界人均GDP大约为445美元（按1990年美元算），到1820年上升到667美元，1 800多年里只增长了50%，而从1820年到2001年的180年里，世界人均GDP从原来的667美元增长到6 049美元。工业革命带来的收入增长是巨大的，这带来了大量的贸易和展示需求，为园博会的发展奠定了坚实的物质基础。

2. 主要特征

• 市集阶段

园博会最初的起源是定期的市集。市集起初只涉及经济贸易，在古代农耕社会，人们往往在庆贺丰收、宗教仪式、欢度喜庆的节日里展开交易活动，后来逐渐发展成为定期的、有固定场所的、以物品交换为目的的大型贸易与展示的集会，如中国庙会、中世纪欧洲商人的市集等。

图 1-1　中世纪市集场景

- 展览会阶段

18 世纪，随着新技术和新产品的不断出现，逐渐形成与集市相似，但以宣传、展出新产品和成果为目的的展览会，办展理念着重于展示工业革命的成就、先进的产品和技术，展览会多为临时活动，展期短则几天半月，长则数月半年，会场主要集中在场馆室内。1791 年捷克在其首都布拉格首次举办了这样的展览会，开启了展览会举办的先河。随着科学技术进步、社会生产力发展，展览会的规模逐步扩大，主题不断丰富，形成了各种专业型展览会，展示主题涵盖园林园艺、运输、能源、畜牧、医药、海洋等多个行业或领域。1809 年在比利时举办了首次以园艺为主题的专业性展览会——欧洲第一次大型园艺展。

- 博览会阶段

到 19 世纪，商界在欧洲地位提升，贸易范围扩大到全球，社会生产力得到进一步发展，展览会的规模也逐步扩大，商品展示交易种类和参与人员愈来愈多，展示时间变长，参展的地域范围从一地扩大到全国，由国内延伸到国外，直至发展成为全球性、综合性的博览会。

在社会科技取得重大进步的时代背景下，博览会越来越受关注，其内容丰富、参与人数也十分庞大。首届世界工业品博览会于 1851 年在英国伦敦举办，展出时间 190 天，参观人数约 604 万人次，将展览会从国内推向了国际，开创了博览会的先例。约瑟夫 · 帕克斯顿（Joseph Paxton）特设计的通体透明建筑“水晶宫”，是这届博览会的标志，也是一个成功的展品，至今依然屹立在伦敦海德公园（Hyde Park）内。大型博览会有着强大的吸引力，1889 年法国巴黎世博会及 1893 年美国芝加哥世博会参观人数都超过 2 500 万人，这样强大的吸引力带来了巨大的影响力，它不再局

图 1-2　1851 年英国伦敦首届世界工业品博览会建筑——水晶宫

限于活动本身，而是影响着城市、区域乃至整个国家的发展建设，在工业发展迅速、人民生活水平不断提高的年代，对推动当时科技进步、促进经济贸易发展有着重要的作用。

1883 年在荷兰首都阿姆斯特丹举办了世界上首届以园艺为主题的博览会——阿姆斯特丹国际博览会，举办天数 100 天，参观人数 880 万人次，展览时间和游人次数均与今天的园博会相近。以园艺为主题的博览会连续举办逐渐深入人心，极大地推动了园艺行业的发展和园艺科技的进步，掀起了西方家庭园艺风潮，带动了园林园艺市场的蓬勃发展。

（二）科技进步推动园博会发展

20 世纪是园艺博览会的发展时期，1928 年国际展览局（BIE）以及 1948 年国际园艺生产者协会（AIPH）的成立使得园艺博览会的组织走向了规范化。这期间伴随科技进步以及对世界大战的反思，园艺博览会也被赋予了更多的时代意义。

1. 时代背景

- 科技进步

20 世纪人类在科学技术领域获得了前所未有的创新成就，高新技术的创新层出不穷，极大地改变了人类的思维方式和观念，改变了人类的生产与生活方式，革新了人类社会的组织结构，重塑了城乡发展的整体格局。原子能、计算机、半导体集成电路等技术革命提高了人类开发利用自然资源的水平，进一步解放了劳动力；家电、汽车、飞机、火箭等的出现改变了人们的生活方式；生物医学、现代医学发展迅速，20 世纪人类的平均寿命延长了大约 20 多岁；世界上主要发达国家在 20 世纪率先完成了城镇化进程，国际经济和贸易蓬勃发展。

- 环境保护与战后恢复

20 世纪在科技迅猛发展的同时，也出现了一系列环境问题，并且爆发了两次世界大战。保护生态环境以及对战争的反思、战后恢复也成为 20 世纪思潮的主旋律之一。联合国人类环境会议于 1972 年通过了著名的《人类环境宣言》，利用国家法律法规和舆论宣传使全社会重视和处理环境污染问题。两次世界大战是人类历史上规模最大的战争，60 余个国家、20 多亿人口被卷入战争，世界大战后，世界的主题是和平与发展，人民在满目疮痍的废墟上重建家园，反思战争给世界和人们生活造成的影响。20 世纪的园艺博览会在反思战争、恢复生产、复苏经济、保护环境的思潮中发展，赋予了园博会更多意义，并通过实践将家园重建、废弃地恢复、环境保护等思想融入博览园建设当中。

2. 主要特征

- 组织规范化

国际展览局（BIE）和国际园艺生产者协会（AIPH）这两个重要组织的成立使得园艺博览会的组织更加正规化、专业化，有力地促进了园艺博览会的发展。直至今日，各地举办的世界园艺博览会均是由国际园艺生产者协会（AIPH）批准，其中 A1 类（大型国际园艺展览会）园艺博览会同时须由国际展览局（BIE）认可。

国际展览局（BIE）成立于 1928 年，总部位于法国巴黎，是专事监督和保障《国际展览会公约》的实施、协调和管理举办世博会并保证世博会水平的政府间国际组织。其工作包括为世博会所展示的内容确定分类标准，审查所有申办的注册类（综合类）或认可类（专业类）世博会的申请，组织考察申办国的申办工作，协调展览会的日期，保证展览会的质量等。它的存在对促进世界各国经济、文化、科技交流和发展，规范、管理和协调世博会的举办，起到了重要作用。

国际园艺生产者协会（AIPH）成立于 1948 年，总部在荷兰海牙，是为了保持园艺事业的繁荣和发展，由专业人员构成并由各加盟国组织成立的国际协会。AIPH 组织设立的目的是通过各种会议、广告宣传和举办国际性的征文比赛以及各种展示会，同所在国家以及国际性的各种团体或有关当局接触，奖励在专业技术研究开发和传播方面取得卓越成就的专业人员或组织，促进国际园艺事业发展。它代表了具有国际水准的专业园艺生产者的共同利益。

国际园艺生产者协会（AIPH）成立后，开始批准举办世界园艺博览会，自 1960 年首届世界园艺博览会开始，目前已成功举办了 35 届，每届间隔时间一到数年不等，展会时间一般为 3~6 个月。世界园艺博览会是国际性园艺展会，属于认可类（专业类）世博会，根据规模分为四类：A1 类为大型国际园艺展览会；A2 类为短期国际大型园艺展览会；B1 类为具有国际参与的持续时间较长的园艺展览会；B2 类为具有国际参与的短时间园艺展示会。国际展览局（BIE）也对国际园艺生产者协会（AIPH）批准的 A1 类世界园艺博览会进行认可，目前已成功举办的 A1 类世界园艺博览会有 20 届（截至 2018 年）。

表 1-1 历届世界园艺博览会一览表

举办时间	举办国	举办城市	博览会名称	主题
1960	荷兰	鹿特丹	国际园艺博览会（A1 类）	唤起人们对人类与自然相容共生
1963	德国	汉堡	汉堡国际园艺博览会（A1 类）	唤起人们对人类与自然相容共生
1964	奥地利	维也纳	奥地利世界园艺博览会（A1 类）	唤起人们对人类与自然相容共生
1969	法国	巴黎	巴黎国际花草博览会（A1 类）	法国之后和世界之花
1972	荷兰	阿姆斯特丹	芙萝莉雅蝶园艺博览会（A1 类）	国际园艺所达成的成就
1973	德国	汉堡	汉堡国际园艺博览会（A1 类）	在绿地中度过假日
1974	奥地利	维也纳	维也纳国际园艺博览会（A1 类）	世界园艺
1976	加拿大	魁北克	魁北克国际园艺博览会	—
1980	加拿大	蒙特利尔	蒙特利尔园艺博览会（A1 类）	人类社会文化活动和物理环境之间的关系
1982	荷兰	阿姆斯特丹	阿姆斯特丹国际艺博览会（A1 类）	—
1983	德国	慕尼黑	慕尼黑国际园艺博览会（A1 类）	—
1984	英国	利物浦	利物浦国际园林节（A1 类）	世界园艺所达成的成就
1990	日本	大阪	大阪万国花卉博览会（A1 类）	花与绿——人类与自然
1992	荷兰	路特米尔	海牙园艺博览会（A1 类）	园艺是一个持续更新的领域，涵盖了质量、技术、科学及管理
1993	德国	斯图加特	斯图加特园艺博览会（A1 类）	城市与自然——负责任的解决方案
1994	法国	圣 · 丹尼斯	圣 · 丹尼斯国际园艺博览会	—
1995	德国	哥特布斯	哥特布斯国际园艺博览会	—
1996	意大利	热那亚	热那亚国际园艺博览会	—
1997	比利时	利戈	利戈国际园艺博览会	—
1997	加拿大	魁北克	'97 国际花卉博览会	—
1999	中国	昆明	昆明世界园艺博览会（A1 类）	人与自然——迈向 21 世纪
2000	日本	兵库县淡路岛	日本淡路花卉博览会	—
2002	荷兰	阿姆斯特丹、哈伦姆米	芙萝莉雅蝶园艺博览会（A1 类）	体验自然之美
2003	德国	罗斯托克	罗斯托克国际园艺博览会（A1 类）	海滨的绿色博览会
2004	日本	静冈	日本滨名湖国际园艺博览会（A2/B1 类）	—
2004	法国	南特	南特园艺博览会（A2 类）	—
2005	德国	慕尼黑	慕尼黑联邦园艺展（B1 类）	—
2005	法国	第戎	第戎园艺博览会（B2 类）	—
2006	泰国	清迈	清迈世界园艺博览会（A1 类）	表达对人类的爱
2006	中国	沈阳	沈阳世界园艺博览会（A2/B1 类）	我们与自然和谐共生、自然大世界，世界大观园
2006	意大利	热那亚	热那亚欧洲园艺博览会（A2 类）	—
2007	德国	杰拉	杰拉国际园艺博览会（B1 类）	—
2008	加拿大	魁北克	魁北克园艺博览会（B2 类）	—
2008	加拿大	魁北克	花园的花会（B1 类）	—

续表

举办时间	举办国	举办城市	博览会名称	主题
2009	韩国	科科吉	科科吉国际园艺博览会（A2类）	—
2009	日本	静冈	静冈园艺博览会（B2类）	—
2009	德国	施韦林	施韦林国际园艺博览会（B1类）	—
2010	中国	台北	台北国际花卉博览会（A2/B1类）	彩花、流水、新视界
2011	意大利	古诺	古诺欧洲园艺博览会（A2类）	—
2011	德国	科布伦茨	科布伦茨国际园艺博览会（B1类）	—
2011	中国	西安	西安世界园艺博览会（A2/B1类）	天人长安·创意自然——城市与自然和谐共生
2011	泰国	清迈	皇家阿勃勒国际花卉博览会（A2/B1类）	—
2012	荷兰	芬洛	芬洛世界园艺博览会（A1类）	融入自然，改善生活
2013	韩国	顺天	顺天湾国际园艺博览会（A2/B1类）	地球与生态，融为一体的庭园
2013	中国	锦州	锦州世界园艺博览会（首届世界园林博览会，IFLA和AIPH首次合作）	城市与海 和谐未来
2014	中国	青岛	青岛世界园艺博览会（A2/B1类）	多彩园艺，和谐城市
2016	土耳其	安塔利亚	安塔利亚国际园艺博览会（A1类）	花卉与儿童
2016	中国	唐山	唐山世界园艺博览会（A2/B1类）	都市与自然·凤凰涅槃
2018	中国	台中	台中世界花卉博览会（A2/B1类）	花现GNP
2019	中国	北京	北京世界园艺博览会（A1类）	绿色生活 美丽家园
2021	中国	扬州	扬州世界园艺博览会（A2/B1类）	绿色城市，健康生活

注：据国际园艺生产者协会（AIPH）官网、2019中国北京世界园艺博览会官网、上海世博会博物馆官网资料整理。

• 参与国家单一化

20世纪之前世界园艺博览会的举办地大都是经济比较发达的欧美国家，从1960年首届世界园艺博览会开始，至1997年加拿大魁北克国际花卉博览会，国际园艺生产者协会（AIPH）共批准举办了20届世界园艺博览会，其中亚洲仅日本在1990年（大阪）举办过一届，其余举办地均为欧美发达国家，德国、荷兰、奥地利举办次数最多。

• 展示方式多样化

由于国际经贸环境发展，博览会举办理念开始在关注展示科学技术成就的同时，注重促进国与国间、城市间的交流、合作与协调发展。最初将全部展区集中于一栋建筑的布局方式已

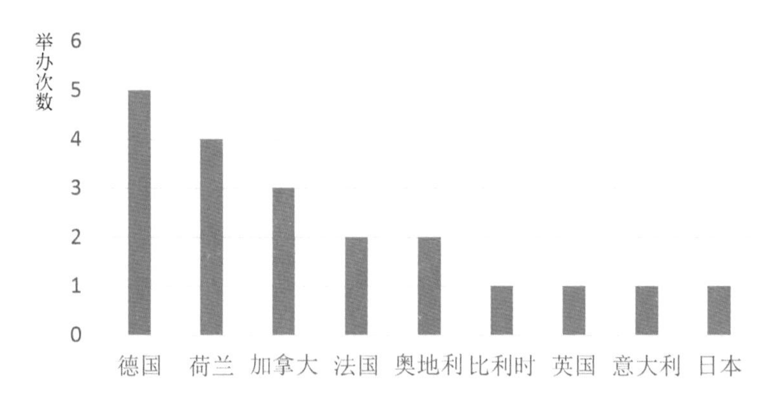

图1-3　1999年以前世界园艺博览会举办国家分布

图 1-4　1960 年鹿特丹举办的首届世界园艺博览会地标——欧洲塔

不能满足日益丰富和多样的展示内容以及人们的活动需求，展示手段逐渐演变为室内场馆与室外展示相结合，博览会的功能也从单纯的产品展示演变为综合性的城市活动，娱乐休闲区的地位越来越受到重视，加上战后恢复需要以及百姓休闲需求，园艺博览会得到很大发展。博览园内增加了各种休闲设施，形成了主题公园式的中心活动区，自然景观成为园区空间构图的重要组成部分，博览园的景观环境质量逐渐成为衡量园博会是否成功的重要因素之一。

新建的博览园能更有效地改善城市环境，为市民提供休憩空间。如 1951 年在德国汉诺威成功地举办的第一届联邦园林展，尽管当时只有 20 公顷的展园，但它却奠定了联邦园林展的基础，也成为德国大中城市二战后新建公园的起点。1993 年德国举办的斯图加特园艺博览会的博览园方案早在 1986 年就通过举办设计比赛决定，当时从 24 份方案中评选出一等奖作为实施方案，在随后的六年里，在市中心北部建成了占地 100 公顷的博览园，并一直作为城市公园保留至今，完善了该市的城市空间结构。

- 城市功能完善化

20 世纪中后期的世博会和园博会，对促进二战后衰弱城市的恢复、引导对城市环境的关注发挥了积极的作用。1958 年在比利时首都布鲁塞尔举办了战后第一个世界博览会，其主题为“科学、文明和人性”，旨在引导人们对战争的反思，展出时间 186 天，参观人数达到了 4 150 万人次。战后举办的园艺博览会更是借助博览园的建设大大推动了战后城市环境的改善，如 1951 年德国汉诺威举办了联邦园林展，利用会展的举办修复了被战争破坏的公园绿地。德国借助园博会进行城市修复的方法被欧洲其他国家所借鉴，1960 年鹿特丹举办第一届国际园艺博览会，博览园选址在原有的尼耶韦玛斯（NieyweMaas）公园，鹿特丹是荷兰在二战中遭受战争破坏最严重的城市，博览园的建设恢复了这个被战争破坏的公园，同时带动了周边城市环境的更新与提升。

- 展示内涵丰富化

经过多年发展，园艺博览会已从单纯的产品展示演变为综合性城市活动，通过博览会促进了社会交流与合作，也提高了人们的环保和可持续发展意识。

园博会关注人与环境的问题，以环境保护、可持续发展等为主题的园艺博览会开始发展起来，致力于推广可持续发展理念，唤起人们对绿色家园的向往和对生态环境问题的关注。如 1963 年德国汉堡国际园艺博览会、1964 年奥地利世界园艺博览会都提出了“唤起人们对人类与自然相容共生”的主题，1990 年日本大阪万国花卉博览会，提出“保护未来生态环境”的主题。博览园的环境建设，除了在开放空间设计上对参观者行为的全方位关注和在视觉景观形象上更关注人的感受之外，生态、可持续发展、后续利用已经成为其必须遵循的准则。

（三）经济全球化促进园博会成熟

21 世纪是园博会的成熟阶段，园博会已经不局限在欧美发达国家，而是走向世界，在以中国为代表的发展中国家的快速城镇化进程中有了更广阔的舞台。

1. 时代背景

- 发展中国家城镇化发展迅速

从 20 世纪后期开始，以信息技术革命为中心的高新技术迅猛发展，经济全球化进程加速，推动了资源和生产要素在全球的合理配置。中国在这样的背景下，通过改革开放加强经济建设，取得了飞跃式的发展。2017 年中国的 GDP 达到 82.7 万亿元，相比 2000 年增加了 8 倍多；2017 年中国城镇化率超过 58%，相比之下，2000 年时城镇化率只有 36.22%。

- 城市生态环境问题突出

环境问题与人类的社会经济活动密切相关，进入 21 世纪后，环境问题更加复杂，温室效应、土地沙漠化、水资源危机、大气污染等环境问题与其他社会问题、经济问题交叉重叠，尤其是发展中国家人口密集、经济发展需求迫切，都加剧了解决环境问题的难度。在中国，这些特征的存在与当代中国社会特定的转型过程密切相关。

- 人们对美好人居环境的向往

随着人们生活水平的提高，对美好生活的向往越发强烈，各国正加大对环境保护、人居环境的投入，努力实现可持续发展。中共十九大报告指出，“中国特色社会主义进入新时代，我国社会主要矛盾已经转化为人民日益增长的美好生活需要和不平衡不充分的发展之间的矛盾”，要树立“绿水青山就是金山银山”的发展观念，坚持节约资源和保护环境的基本国策，坚定走生产发展、生活富裕、生态良好的文明发展道路，建设美丽中国，为人民创造良好生产生活环境，为全球生态安全做出贡献。

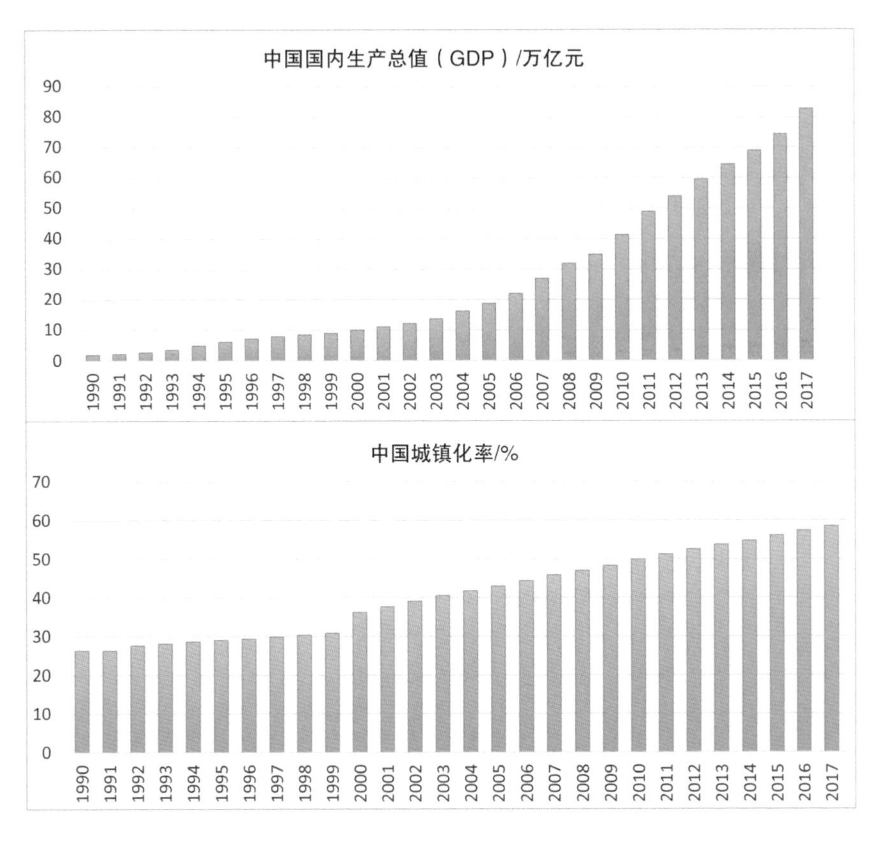

图 1-5　中国 GDP 和城镇化率发展情况

2. 主要特征

• 中国成为世界上举办园博会次数最多的国家之一

进入 21 世纪后，欧美国家城镇化进程已经基本完成，随着发展中国家经济的快速发展和城镇化建设的大力推进，世界园艺博览会的举办中心也由欧美国家转移到了以中国为代表的发展中国家。继 1999 年昆明世界园艺博览会之后，中国又陆续举办了多届世界园艺博览会，其规模远超世界其他国家。1999 年至 2018 年，经国际园艺生产者协会（AIPH）批准举办的世界园艺博览会共 30 次，其中在中国举办的达 10 次，2010 年后在中国举办的世界园艺博览会更是达到举办次数的一半以上。除此之外，国家级或地方级别的园博会也如雨后春笋般大量涌现。

• 与城镇化过程结合紧密

在城镇化发展进程中，园艺博览会的举办、博览园的建设与城市发展建设紧密结合，对于提高城市建设水平、探索园林绿化技术、提升人居环境等有着积极的作用。

博览园建设在城镇化过程中，其完善城市绿地系统、推动城市基础建设的功能作用突显，并且十分注重后期运营和对人居环境的改善。部分博览园是通过对原有的绿地改造而来，这些绿地大多位于城市的老城区，这对于提升原有绿地的品质、完善服务功能、改善老城区环境有着积极作用；另外还有大量在城市未开发区域新建的博览园，这对于完善城市绿地系统结构、带动城市基础建设有着极大的推动作用。

城镇化过程中的博览园建设也是解决城市发展问题、践行园林绿化理念的试验田。如 2013 年在北京举办的中国国际园林博览会，将原本自然环境恶劣的建筑垃圾场变为美丽的园林景观，改善生态环境和城市面貌，为百姓休息游览提供了新景点。2006 年的沈阳世界园艺博览会以“振兴老东北工业基地”为目标，沈阳市政府借助此次博览会促进老工业城市向新型生态城市发展，构建城市新形象，促进沈阳旅游产业发展，使之成为沈阳新的支柱产业。

• 组织方式多样化，国家和地方级别的园博会得到很大发展

21 世纪园艺博览会组织方式多样，具有明显的地方组织特征，中国所举办的园艺博览会具有很强的政府痕迹，经常以各地筹建的方式开展，并且十分注重后期运营和对人居环境的改善。除了经国际园艺生产者协会（AIPH）批准举办的世界园艺博览会以外，中国不断探索，

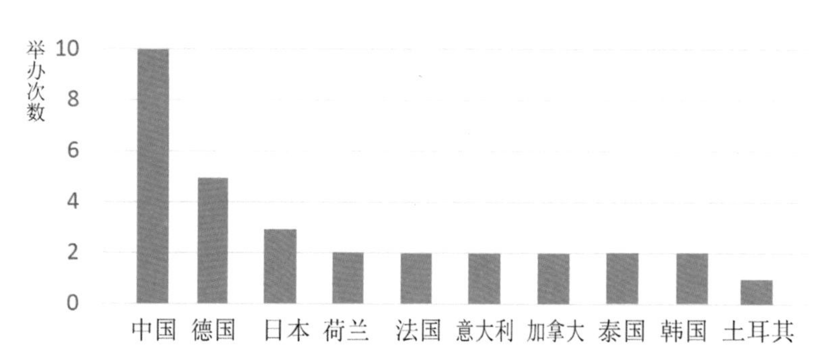

图 1-6　1999 年以后世界园艺博览会举办国家分布

成功组织了许多国家级别以及地方级别的园艺博览会，对园林园艺行业整体水平的提高也起到了积极作用。同时，通过博览园的建设改善城市基础设施、完善城市绿地系统、促进城市新区发展、改善城市结构，使城市环境优美宜人，从而吸引人才、吸引投资、促进城市的可持续发展。

其中国家级的园艺博览会主要是中国国际园林博览会，是由建设部和地方政府共同举办的园林花卉界最高层次的盛会，是中国园林花卉行业层次最高、规模最大的国际性盛会。

中国国际园林博览会创办于 1997 年，一般会期 6 个月，已经在不同城市举办了 11 届。中国国际园林博览会采用室外和室内展示结合的方式，室外主要展示国内外造园艺术以及园林绿化新技术、新材料、新成果等，室内主要展示各类园林艺术作品、奇石、插花、盆景等。展会期间结合展会主题和行业发展需要，组织高层论坛、学术研讨、技术与商贸交流、特色文化艺术展示和展演等系列活动。它已发展成为扩大国内外园林绿化行业交流与合作、展示园林绿化新成果和传播园林文化及生态环保理念的行业盛会，并为引导技术创新、推动资源节约型社会和环境友好型社会建设、促进社会经济与资源环境协调发展发挥了积极作用，受到社会各界的普遍关注和城市园林绿化行业的广泛重视。

表 1-2　历届中国国际园林博览会一览表

序号	举办城市	时间	举办地点	主题
第一届	大连	1997	会展中心	—
第二届	南京	1998	玄武湖公园	城市与花卉——人与自然的和谐
第三届	上海	2000	浦东中央公园	绿都花海——人 城市 自然
第四届	广州	2001	珠江新城	生态人居环境——青山 碧水 蓝天 花城
第五届	深圳	2004	深圳市国际园林花卉博览园	自然 家园 美好未来
第六届	厦门	2007	由九座岛和两座半岛组成	和谐共存，传承发展
第七届	济南	2009	济南国际园林花卉博览园	文化传承，科学发展
第八届	重庆	2011	重庆园博会博览园	园林，让城市更加美好
第九届	北京丰台	2013	北京永定河畔	绿色交响，盛世园林
第十届	武汉	2015	金银湖（张公堤西段）	生态园博，绿色生活
第十一届	郑州	2017	郑州航空港经济综合实验区南水北调东南区域	引领绿色发展，传承华夏文明

以 2013 年在北京举办的中国国际园林博览会为例，该届园博会以“园林城市，盛世园林”为主题，利用园博会建设契机，在原垃圾填埋场上建设了一座生态环保的博览园，修复永定河生态环境，展示了再生水、太阳能、风能等低碳环保新技术，打造北京生态修复新亮点和京西旅游的新景点，拉动了丰台乃至北京西南地区经济社会的发展。博览园总面积 267 公顷，与卢沟古桥遥相呼应，历史文化氛围浓郁，是北京城南行动计划中“永定河绿色生态发展带”的核心区。来自 26 个国家的城市、机构、专业组织和设计师共设计建造展园 128 个，并建成了国内第一座以园林为主题的国家级博物馆，集中展示、研究和宣传我国园林艺术的悠久历史与辉煌成就，填补了中国园林史的空白。

此外，国家层面举办的类似盛会还有中国绿化博览会和中国花卉博览会。中国绿化博览会由中国全国绿化委员会和国家林业局主办，始办于 2005 年，每 5 年举办一次，目前举办了 3 届，是中国绿化领域组织层次最高的综合性盛会，也是我国生态文明建设成就展示的盛会。中国花卉博览会由国家林业局、中国花卉协会和地方政府联合主办，始办于 1987 年，每 4 年举办一次，目前已经举办了 8 届，其反映中国源远流长的花卉文化，是中国规模最大、档次最高、影响最广的国家级花事盛会。

在世界园艺博览会、中国国家级别的园博会不断成功举办的同时，地方政府也在积极探索，举办了大量的地方层次的园博会，打造生态园林园艺展示平台，促进园林园艺科技文化交流，提升地方园林绿化和生态建设水平，如 2000 年开办的江苏省园艺博览会、2005 年开办的山东省城市园林绿化博览会、2011 年开办的广西园林园艺博览会、2012 年开办的河北省园林博览会和 2016 年开办的湖北省园林博览会等。其中，江苏省园艺博览会是省级园博会中开办时间最早、取得成果最为丰硕的园艺博览会。

二、园博会在江苏

江苏园林历史悠久，技艺精湛，其传统园林不仅是中国园林的经典，也深刻影响着世界园林的发展。追寻历史脚步，江苏园林积极探索，勇于实践，当代园林艺术取得了长足的进步，这些都在江苏省园艺博览会中向世人展示。

（一）缘起于国内外参会

1999年，“春城”昆明举办了以“人与自然——迈向21世纪”为主题的世界园艺博览会，这是中国首次举办世界园艺博览会，为后来中国以及各省市举办世博会、园博会积累了经验和信心。中国政府对举办1999年昆明世界园艺博览会十分重视，成立了由中央17个部委领导同志组成的1999年昆明世界园艺博览会组委会，由中共中央政治局常委、国务院副总理级别的领导同志担任组委会主任。中国政府向世界162个国家和地区的政府首脑发出了邀请函，69个国家和26个国际组织参加了本届世园会，其中84个国家和国际组织参加了室内展出，35个国家和国际组织建造了34个室外展园，51个国家和国际组织举办了馆日活动；全国31个省、市、自治区以及香港特别行政区、澳门地区和台湾民间组织均参加了昆明世界园艺博览会。

江苏省政府受邀参加昆明世界园艺博览会，建设了景点“东吴小筑”，其占地面积1580平方米，以苏州古典园林文化为主题，通过曲廊水榭、小桥流水等实物造景，配以楹联题额，突出典型苏州园林的风韵，使人们感受到中国传统园林的文化内涵和深远的美学意义，领略苏州古典园林的风采，获得了专家领导和广大游客的肯定，取得了积极成果。

受昆明世界园艺博览会的启发，江苏省政府决定开始举办江苏省园艺博览会，以期通过园博会的举办，进一步发挥江苏省园林园艺的优势，不断探索创新，提高江苏园林园艺事业的整体水平，促进园林园艺产业和旅游产业的发展。在这种背景下，第一届江苏省园艺博览会于2000年9月20日至10月8日在南京市玄武湖公园内翠洲成功举办，主题为“绿满江苏”。其后，江苏省园艺博览会持续在不同的城市举办。

图1-7 1999年昆明世界园艺博览会 东吴小筑

图 1-8　2013 年第九届中国（北京）国际园林博览会　江苏展园“忆江南”

江苏省园艺博览会的举办推动了江苏省园林行业水平的提高，使得江苏在国内外园博会的参展工作得到了行业的广泛关注和认可，这进一步激发了江苏省举办省级园博会的热情。如 2013 年，应北京市政府邀请，江苏省以省政府名义参加第九届中国（北京）国际园林博览会，在博览园传统园林展示区捐建一座江南园林。参展工作由江苏省住房和城乡建设厅牵头组织，南京、苏州两市政府及相关部门承担，建设了江苏展园“忆江南”。该展园占地面积约 13 000 余平方米，建筑面积约 2 000 平方米，工程总造价 4 000 万元，是迄今为止江苏省在省外建设的规模最大的传统园林。全园由苏州园和南京园两部分组成，根据展区用地条件精心布局，运用集锦造园手法，荟萃了江南名园经典景观和造园技法，完美诠释了崇尚自然、寄情山水、追求和谐的文化精髓，同时展现出新的时代气息，成为北京园博会的一大亮点。此外，苏州市、扬州市在中国园林博物馆分别设计营造了两处室内庭院——畅园和片石山房，成为博物馆的点睛之作。江苏展园“忆江南”获得了园博会组委会和评审专家的高度肯定，荣获室外展园综合大奖和设计、施工、植物配置、建筑小品等四项单项大奖（均为最高奖），江苏省住房和城乡建设厅获得展园特优建设奖，来自苏州、扬州的园林工程施工企业和行业管理部门获得中国园林博物馆室内园施工大奖。

（二）开创省级园博会先河

江苏省园艺博览会始办于 2000 年，是省级地方政府中开办园艺博览会时间最早的，历经近 20 年的发展，已经形成了成熟的办会思想和完善的办会机制。

- 办会宗旨

江苏省园艺博览会秉承“交流、示范、探索、创新”的办会宗旨，对引领全省园林园艺事业健康发展发挥了积极的作用。

江苏省园艺博览会的办会宗旨是园博会始终保持旺盛生命力的根本所在，省级园博会的举办，在没有可套用的现成模式，也没有强力的政策支撑的情况下，正是致力广泛交流、多方合作，靠着开放的思路、开阔的视野、开拓的魄力，广泛吸纳优秀资源，才实现了会展品牌的外延拓展和内涵提升。各界博览会不搞风格相似的园林复制，而是通过竞赛设奖等措施，鼓励大胆探索创新，不断优化规划设计，积极运用现代造园形式，使园博会成为江苏省城市园林绿化建设的新典范和风向标。每一届园博会的筹办过程，都是一次探索创新，每一届园博会都有独特鲜明的主题，传播新的理念，探索新的思路，使园博会始终站在一个新的起点、彰显个性特色。

随着江苏省园艺博览会的不断举办，江苏省园林、建设系统和各承办城市按照江苏省政府“一届比一届办得好”的总体要求，将江苏省园艺博览会从起初单一功能的展会，努力发展成为具有一定知名度和影响力的品牌盛会，取得了良好的综合效益，赢得了社会各界广泛赞誉。

- 组织方式

江苏省园艺博览会是由江苏省人民政府主办，省住房和城乡建设厅、农委和承办城市人民政府共同承办，其他 12 个省辖市人民政府协办的省级园艺盛会。

为加强对园艺博览会筹备工作的组织协调工作，江苏省人民政府成立省园艺博览会组织委员会，分管副省长任主任，分管省政府副秘书长、省住房和城乡建设厅厅长、省农委主任、承办城市市长任副主任，成员有省有关部门及 13 个城市人民政府。组委会办公室设在省住房和城乡建设厅，具体负责博览园建设、专题展览及各项园事花事活动的组织工作。各市按照组委会统一部署，成立相应的组织机构，协调有关部门共同做好本市的参展工作。

根据每届园博会具体情况，省政府批准实施《江苏省园艺博览会总体方案》，内容包括园博会总体要求、主题、举办时间、博览园建设要求、主要活动安排、参展方式、评奖办法、组织机构（省园艺博览会组委会及办公室）、筹备工作分工等方面。

- 申办方法

每一届园博会在闭幕前，确定下届园博会承办城市。首先，申办城市政府向江苏省住房和城乡建设厅提出申请，并提交有关申办材料；然后，江苏省住房和城乡建设厅根据申办条件，对申办城市报送的申办材料进行初审，并组织专家对申办方案进行论证，通过专家、13 个城市代表和承办单位代表投票，决定申办候选城市；最后，江苏省住房和城乡建设厅将初审意见报送省政府，由省政府审查确定申办城市并正式公布。

- 办会内容

江苏省园艺博览会主要包括室外园林艺术展和室内专题展（园事花事活动）两个部分。室外部分主要规划建设园艺博览园，展示现代造园艺术以及园林绿化新技术、新材料、新成果等；室内部分主要在主场馆及相关展馆举办各项园林园艺专题展，包括插花、盆景、赏石、根雕、花卉花艺、书画及摄影作品等，结合展会主题和行业发展需要，组织高层论坛、学术研讨、技术与商贸交流、特色文化艺术展示展演等系列活动。

（三）历经近 20 年发展

自 2000 年起，江苏省园艺博览会已成功举办了十届，历经近 20 年的发展，园博会已经从开始单一的园林园艺展示发展成为地方性的行业盛会，通过不断创新，办会模式更加成熟，影响力更为远大。它成功地树立了一个品牌，不但对江苏风景园林事业的发展起到了积极推动作用，更是带动了所在城市的地方经济、改善了人们的居住环境。

整体而言，江苏省园艺博览会一直与时俱进，经历了起步阶段、探索阶段、发展阶段、转型阶段四个历程。

- 起步阶段

以第一届江苏省园艺博览会为典型代表，举办时间为 2000 年。当时正值园林行业迅速发展的时期，中国（国际）园林博览会已举办两届，江苏省举办省级园博会是初步尝试。首届江苏省园艺博览会选址在省会南京市玄武湖翠洲，具有一定的行业节庆的功能，以宣传活动、花卉花艺展示、学术交流为主要功能。博览园依托现有公园场地进行展示，整个博览园侧重于各参展城市、单位展园和景点的营造，城市展园面积在几百至一千平方米左右，多通过小品、叠石、植物摆放等方式突出主题，以宣传环保理念、展示各城市自然人文特征。

勘误：由于编写和出版时间紧迫，书中出现几处错误，特此更正并致歉！

1. 第 017 页图 1–9 中承办城市，第三届应为“常州 · 中华恐龙园”；第六届应为“泰州 · 周山河街区”；第八届应为“镇江 · 扬中滨江新区”；第九届应为“苏州 · 吴中临湖镇”；第十届应为“扬州 · 仪征枣林湾”。
2. 第 098 页，“园区占地面积约 110 公顷”应为“园区规划占地面积约 236 公顷，其中主展区 110 公顷”。

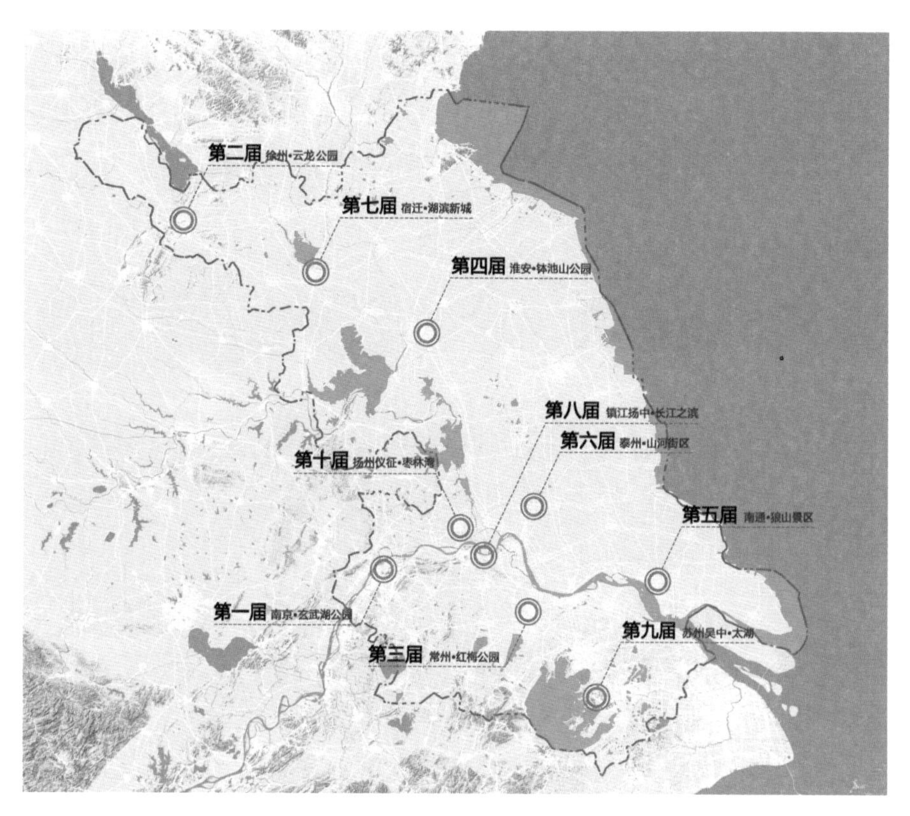

图 1-9 历届江苏省园艺博览会承办城市

- 探索阶段

以第二、三、四届江苏省园艺博览会为代表，时间为 2001 年至 2005 年。经过第一届的尝试探索，江苏省园艺博览会受到了广泛的肯定，加上各市积极热情的参与，使得园艺博览会快速发展，发展成为功能综合的地方盛会。这一时期，博览园逐渐从依托现有公园、项目中独立出来，面积逐渐增大，运营管理逐渐独立，与城市关系密切，且融入了当时先进的生态理念，在园林艺术领域进行了深入探索，取得了很大成就。经过三届的发展，江苏省园艺博览会已经初步形成了独立、完整的办会、运营体系和主题突出、时代气息浓厚、布局分区明晰的博览园规划体系。

- 发展阶段

以第五、六、七届江苏省园艺博览会为代表，时间为 2007 年至 2011 年。这一时期，博览园运营、规划体系不断完善，注重和城市、市民、自然、文化的关系的协调，提升城市生态、游憩品质，带动城市发展。博览园规划方面，注重结合当地自然、文化特征，突出创新展示功能和新品种、新材料、新技术、新工艺的运用，起到了对全省园林园艺行业的引领示范作用。

- 转型阶段

以第八、九、十届江苏省园艺博览会为代表，时间为 2012 年及以后。这一时期，江苏省园艺博览会经过 10 多年的经验积累，逐步成熟，紧紧围绕风景园林发展趋势，坚持创新，践行生态文明理念，保持对风景园林事业发展的引领示范作用。形成以“自然生态”为核心、以“资源整合”为手段、以“品质提升”为目标、以“开拓创新”为理念、以“以人为本”为原则的办会思想，体现出专业性与群众性的结合、艺术性与示范性的结合，有效促进举办城市的基础设施完善和居民生活质量的提高，大大改善了人居环境。

第二章

历届回眸

始于2000年的十届江苏省园艺博览会，基于时代背景和秉承“交流、示范、探索、创新”的办会宗旨，从行业角度与时俱进，不断探讨新的办会主题。江苏省园博会通过建设系列展园、场馆，举办开幕式、闭幕式及一系列园事、花事活动，为江苏省园林园艺行业搭建一个高水平的交流平台，也为承办城市留下一处高品质的绿色空间。结合举办地城市特征和博览园选址特点，江苏省园博会始终坚持高水平、高起点、高品位的目标要求，在举办思路、内容和形式上都秉承创新理念，专业性与群众性、艺术性与示范性相结合，自然与人文、传统与现代、科技与艺术相交融，可以说是亮点频现、精彩纷呈，社会影响越来越大。

表2-1 历届江苏省园艺博览会一览表

届次名称	时间	举办地点	主题
第一届江苏省（南京）园艺博览会	2000	玄武湖公园	绿满江苏
第二届江苏省（徐州）园艺博览会	2001	云龙公园	绿色时代——面向21世纪的生态园林
第三届江苏省（常州）园艺博览会	2003	中华恐龙园	春之声——绿色奏鸣曲
第四届江苏省（淮安）园艺博览会	2005	钵池山公园	蓝天碧水·吴韵楚风
第五届江苏省（南通）园艺博览会	2007	狼山风景名胜区	山水神韵·江海风
第六届江苏省（泰州）园艺博览会	2009	周山河街区	水韵绿城·印象苏中
第七届江苏省（宿迁）园艺博览会	2011	湖滨新城	精彩园艺·休闲绿洲
第八届江苏省（镇江）园艺博览会	2013	扬中滨江新区	水韵·芳洲·新园林——让园林艺术扮靓生活
第九届江苏省（苏州）园艺博览会	2016	吴中临湖镇	水墨江南·园林生活
第十届江苏省（扬州）园艺博览会	2018	仪征枣林湾	特色江苏·美好生活

注：第一届江苏省（南京）园艺博览会简称“第一届（南京）园博会”，其他类同。

一、第一届江苏省（南京）园艺博览会

（一）园博概况

第一届江苏省（南京）园艺博览会主题为“绿满江苏”，会期从 2000 年 9 月 20 日至 10 月 8 日。

本届园博会是江苏省第一次主办的大型园艺博览会，为临时性展会，设在南京玄武湖公园翠洲，占地面积约 10 公顷。在翠洲博览园及梁洲、樱洲室外景点举办各城市园林园艺、盆景、根艺、雅石展，摄影大赛精品展，日本插花艺术表演，“绿满江苏”书画名家作品展，“绿满家园”省居住区绿化环境、城市广场、游园绿地图片展，“园林文化园”及各风景名胜区景点展等十大展览，精心组织了“六艺节”文化表演、园林花卉苗木交易展销会、花车巡游、龙舟大赛等精彩纷呈的交流活动。

（二）园区建设

本届园博会是以国家保护自然生态环境，发展园林事业方针为指导，充分展示江苏省园林、园艺事业的发展、进步和成就。

博览园依托现有玄武湖的景观，在翠洲由各省辖市和部分县级市分别建设富有浓郁地方特色及造园艺术水平的园林展园景点。

博览园共设 21 个省内城市展园和 2 个管理局展园。

表 2-2　第一届（南京）园博会展园一览表

	展园名称	展园规模（公顷）	展园主题		展园名称	展园规模（公顷）	展园主题
1	南京展园	0.1	一城绿荫半城花	13	宿迁展园	0.1	楚天神韵
2	无锡展园	0.1	共建美好家园	14	淮阴展园	0.1	悬湖采韵
3	徐州展园	0.1	汉风秋韵	15	江阴展园	0.1	溯源
4	常州展园	0.1	远古的呼唤	16	昆山展园	0.1	大潮风帆
5	苏州展园	0.1	吟秋园	17	常熟展园	0.1	书台怀古
6	南通展园	0.1	江海风情	18	张家港展园	0.1	港之魂
7	连云港展园	0.1	花果山胜景	19	太仓展园	0.1	发展中的太仓港
8	淮安展园	0.1	梧竹秀石	20	江都展园	0.1	龙川腾飞
9	盐城展园	0.1	盐城——麋鹿丹顶鹤的故乡	21	如皋展园	0.1	壮乡风情
10	扬州展园	0.1	绿杨城郭是扬州	22	中山陵园林管理局展园	0.1	钟山情
11	镇江展园	0.1	山林隐秀	23	雨花台烈士陵园管理局展园	0.1	落花如雨
12	泰州展园	0.1	梅苑				

图 2-1　第一届（南京）园博会博览园——南京玄武湖公园（翠洲）

图 2-2　城市展园（一）

图 2-3　城市展园（二）

图 2-4　城市展园（三）

图 2-5　城市展园（四）

图 2-6　城市展园（五）

图 2-7　城市展园（六）

图 2-8　城市展园（七）

图 2-9　城市展园（八）

（三）特色亮点

1. 首次尝试省内园林园艺交流活动

本届园博会是参照 1999 年昆明世界园艺博览会模式，尝试举办的全省园林园艺展示活动，目的是通过举办园博会推动全省园林园艺事业发展。园博会展示了各地为保护生态环境、保护生物多样性、协调人与自然关系等方面所做的努力。园博会在玄武湖公园翠洲建造了“江苏园艺博览园”，完成了翠洲的整体提升。

图 2-10　开幕式文艺表演

2. 丰富多彩的园事花事活动

本届园博会除展示江苏省各城市独具地域特色的园林园艺展园之外，还组织了大量丰富多彩的园事花事活动。开幕式、闭幕式和各种充满园林园艺主题特色的歌舞表演、城市文化活动节等活动，分别在玄武湖公园的翠洲、樱洲、梁洲舞台举办。龙舟大赛和花车巡游作为本届的特色亮点活动，吸引了大量市民的积极参与。

(四)社会影响

本届园艺博览会在展会期间共接待游人 30 万人次，不仅展示了南京国家级园林城市形象，提高了城市知名度，扩大了园林园艺影响，而且展示了江苏省经济大省、文化大省形象，提升了江苏文化、艺术品位。

图 2-11　花车巡游活动

图 2-12　无锡市花车巡游

图 2-13　中山陵园管理局花车巡游

二、第二届江苏省（徐州）园艺博览会

（一）园博概况

第二届江苏省（徐州）园艺博览会主题为“绿色时代——面向21世纪的生态园林”，会期从2001年9月24日至10月8日。

本届园博会博览园选址在徐州市中心的云龙公园，园区占地面积约23.35公顷，主要承担园博会开幕式、闭幕式及各项园事花事活动，包括举办盆景、雅石、插花、根艺、名花异卉等专题展览和园林园艺科技成果展、民俗艺术展示等活动，组织开展园林园艺学术研讨会和科技交流活动，举办全省园林园艺新产品、新技术展示交易会，并组织文化展演、绿色文化宣传、龙舟竞赛等活动。

（二）园区建设

博览园在既有云龙公园基础上改造，结合现代园林园艺的发展趋势，提出人与自然和谐共存的理念与高科技园林艺术的创新意识，充分展示现代造园艺术，展示园林园艺高科技，展示生物多样性和人与自然的和谐关系，展示绿满家园、优美舒适的人居环境。

1. 总体布局

博览园根据基地条件及内容设置，整个园区划分为七个部分：入口区、中心展示区、园艺科技区、环境保育区、带状密林区、盆景艺术区及现状保留区。

入口区：包含主入口、入口广场、管理接待中心、主会场、花卉展示园、中心景观广场、乡土草坪园等内容。创造开敞、绚丽的空间景观效果，烘托园博会气氛，提供会议、接待、服务等功能。

中心展示区：包含植物群落生态园、人居生态环境园、岩石园、自然山溪园、湿地景观园、品种花卉园、水生植物园、百草园、水禽园、欧式园艺展示园等内容，利用各种园林造园手法，展现丰富多彩的园林景观，体现自然生态环境的营造及其与人类的密切联系。

园艺科技区：包含室外科技展示及室内科技展示两大部分，展示绿色科技的应用成果，反映当今园艺生产、施工、养护、管理水平。

环境保育区：包含环保植物园、环保展示园两个内容，利用植物、阳光、水、风等自然物构筑生态模型，体现自然对人类的贡献，增强人们的环境保护意识。

带状密林区：包含有氧密林、鸟类生态林、野生花草园等内容，依据当地原生森林群落的特点构筑人造密林景观，同时引入野生花草群落，体现地方特色。

盆景艺术区：对现有盆景园进行修复整合，完善空间格局，在室内、室外进行盆景、花木展示，设置盆景、赏石、根雕等展示区。

现状保留区：保留现状质量较好的王陵母墓区，沿路种植大乔木进行空间分割，适当增加观赏性强的植物来美化环境。

图 2-14　第二届（徐州）园博会博览园总平面图

图 2-15　第二届（徐州）园博会博览园总鸟瞰

2. 展园建设

本届园博会博览园按照新世纪生态园林主题，由 13 个省辖市共同设计建造了 13 个城市展园与 13 个室外景点，组成了云龙公园“园艺博览园”。

表 2-3　第二届（徐州）园博会展园一览表

展园序号	展园名称	展园规模（公顷）	展园主题
1	徐州展园	0.5	热带植物温室
2	南京展园	0.5	人居生态环境园
3	无锡展园	0.5	植物群落生态园
4	常州展园	0.5	中心景观广场
5	苏州展园	0.5	自然山溪园
6	南通展园	0.5	百草名品花卉园
7	连云港展园	0.5	水生植物园
8	淮安展园	0.5	鱼趣园
9	盐城展园	0.5	蕨类苔藓园
10	扬州展园	0.5	岩石园
11	镇江展园	0.5	乡土草坪园
12	泰州展园	0.5	欧式园艺园
13	宿迁展园	0.5	密林小筑

徐州展园【热带植物温室】

热带植物温室向人们展示沙漠植物及热带雨林共生的植物景观。温室建筑采用保温玻璃、新型透光板与网架结构，科学解决采光、调节温湿度，在建筑节能上取得良好的示范效应。

图 2-16　徐州展园（特等奖）

南京展园【人居生态环境园】

全园运用自然材料构建，体现自然特色。屋顶采用滴灌种草起到隔热保温作用；在屋内引入自然流水，改善空气温度，有效地利用自然物来改善人居环境，体现人与自然的和谐相处。

图 2-17　南京展园（一等奖）

无锡展园【植物群落生态园】

主景采用实木等天然材料营造，铺地采用卵石、圆木等天然材料，园内植物品种丰富，乔灌草配置合理，整个生态园突出一种自然、古朴的风格。种植上以江苏省乡土植物种类为主，反映植物群落的生态性、适应性和观赏性。

图 2-18　无锡展园（一等奖）

常州展园【中心景观广场】

运用现代造园风格，构筑一个以椭圆形景墙及环形装饰花柱组合作为主轴线的中心主景，中心广场尽端设置浮雕，浮雕两侧为艺术长廊，配以花卉、喷泉、台阶柱灯等，形成一个极具特色的休闲空间。

苏州展园【自然山溪园】

利用湿地水生植物吸毒排污、净化水质的功能，将净化后的水引上假山，形成叠水瀑布和自然山溪景观，为儿童提供体验自然、观察自然的亲水游嬉区。园内树木葱茏，花草丰盛，流水潺潺，营造出幽静的山林景观。

南通展园【百草名品花卉园】

百草园内将药用植物、芳香植物、染料植物、调味植物等与人类生活密切相关的植物进行精心配置。名品花卉园内设置牡丹亭，全园采用江南古典园林的形式进行景观营造。

图 2-19　常州展园（特等奖）

图 2-21　南通展园（一等奖）

图 2-20　苏州展园（一等奖）

图 2-22　连云港展园（二等奖）

连云港展园【水生植物园】

以小岛为中心，四周依照水的深浅，种植丰富多样的水生植物。岛中设置高约8米的观望塔，由伸向湖中的木质曲桥栈道衔接，提供游客游览、休闲和观景。

淮安展园【鱼趣园】

全园体现江南古典园林风格，重在赏玩的雅趣。水中放养各类观赏鱼，湖中观鱼廊（亭）采用江南古典园林形式建造，在水边、岛上配植具有较强观赏性的花叶小乔木以及各色花卉。

盐城展园【蕨类苔藓园】

全园东部是蕨类植物展区，蕨类植物丛植其间，中部是蕨类植物与其他植物的共生区，西部多为苔藓植物，展现两类植物相互依存、互惠共生的和谐场景。

图2-23 淮安展园（二等奖）

图2-24 盐城展园（二等奖）

图 2-25　扬州展园（二等奖）

图 2-26　镇江展园（二等奖）

图 2-27　泰州展园（一等奖）

图 2-28　宿迁展园（二等奖）

扬州展园【岩石园】

全园利用石块、植物构成岩石景观，形成较为开放的、独特的空间景观效果，运用扬州古典园林艺术形式，利用天然石材营造众多园林小品。

镇江展园【乡土草坪园】

沿湖设置台阶式临水步道、花廊，使游人更亲近湖面。园中地被采用乡土草种，乔木以常绿树为主，配植秋季观赏花卉，整个庭院造型简洁，材料自然古朴。

泰州展园【欧式园艺园】

全园采用规则布局，体现精致、典雅风格，营造出一座欧式特征的混合式花园。花园有西式景亭、廊柱，植物以花卉、模纹花坛以及树姿优美的庭院树、孤植树配置，气势恢宏。

宿迁展园【密林小筑】

全园分成鸟类生态林、野生花草、有氧密林等植物群落，吸引更多鸟类来此生息、繁衍，恢复自然的生态特征，展示大自然花草类植物的丰富多彩。

3. 场馆建设

本届园博会的主要场馆为温室展览馆，由徐州市承建。室内根据植物生态习性，模拟热带雨林的结构进行配置，展示热带雨林植物多样性，并运用多媒体技术作相应的介绍，达到科普宣传的目的。室内还布置有插花展，展示鲜切花的保鲜技术，美化室内展区环境。

图 2-29　立体展览温室

（三）特色亮点

1. 与时俱进的指导思想

本届园博会是进入新世纪的江苏省首次举办的大型园艺博览会，充分展示了现代造园艺术水平和先进科技水平。围绕“绿色时代——面向21世纪的生态园林”主题进行整体设计，考虑新时代园林建设需求，对云龙公园进行景观环境提升和设施配套，探索既有公园改造升级的新途径。

园区以水景和步行游赏系统串联，整体布局与主题相契合。园区布局与各类设施的设置考虑展会后利用的功能需求。园区建设体现生态园林建设与园博会园艺展示的结合，形成主体突出、层次分明、功能完整、游线清晰的总体布局。依托先进的理念与思路，建设绿色科技、功能突出的生态园林景观，带动周边地域发展，推动绿色城市发展进程。

2. 因地制宜的设计理念

充分利用场地现状，尊重场地原有机理。依托原有场地现状，对园内现状质量较差、影响景观效果及总体布局的建筑予以拆除，保留建筑根据整体建设要求加以修缮，使之符合园博会的整体形象。保留园内较多、长势较好的植物并结合具体设计进行调整改造，达到现状植被最大限度的利用。拆除园内原有凌乱和品质较差的人造景点，恢复自然景观风貌。保留现状质量较好的王陵母墓区，沿路种植大乔木进行空间分割，并增加观赏性强的植物美化环境。

3. 先进创新的绿色科技

在室外科技展示片区，利用自吸、自控肥水的新型种植容器等新技术和运用展示苗木培育技术；由微电脑通过电瓷阀的开启和关闭来实现自动喷灌、滴灌、雾灌等系统，采用埋地式喷头、移动式喷头、快速接头等灌溉技术，反映绿色科技在园艺生产、养护等方面的运用。室内科技展示根据植物生态习性，模拟热带雨林结构进行配置，展示热带雨林植物多样性，并运用多媒体技术作相应介绍，达到科普宣传目的。展示新品种培育、野生物种研究等高新技术及成果，介绍新品种培育过程，宣传和推广新技术。同时运用电脑技术，模拟植物地带分布、物种进化及生物多样性等内容，并对游人进行科普教育。

（四）社会影响

本届园博会在展会期间，每天游客都达1万人次以上，15天的展览期间主会场及分会场接待游人40余万人次。作为园博会重要组成部分的徐州市首届旅游交易会暨彭城金秋旅游节，共签约旅游合作项目11项，协议投资金额4.26亿元，其中利用外资项目3个，协议外资1620万美元，为徐州市旅游发展注入了新的动力。同时，借由园博会的举办，城市环境得到了全面整治提升，优美的环境、优良的秩序、优质的服务，受到了来徐宾客的称赞，很好地宣传了徐州，扩大了徐州的知名度。

三、第三届江苏省（常州）园艺博览会

（一）园博概况

第三届江苏省（常州）园艺博览会主题为“春之声——绿色奏鸣曲”，会期从2003年6月28日至7月12日。

本届园博会博览园选址在常州市高新技术开发区中华恐龙园南侧，园区占地面积约13.5公顷，主要承担园博会开幕式、闭幕式，园林园艺精品展，盆景精品展，根雕艺术展，园林园艺艺术展，摄影、剪纸、中国画展，园林科技交流学术研讨会，大型花卉、苗木交易会以及舞龙表演大赛等活动。

（二）园区建设

博览园以建设中华恐龙园为中心的新型旅游休闲区为目标，探索现代园林与主题公园联动发展的新模式。全园景观风貌统筹协调，延续都市文脉，体现城市文化品位，采用现代造园手法，以绿色植物作为主要造景材料，以简约、凝练的几何图案构筑园区框架，通过线条、图案的组合，配以具有现代气息的绿化种植、园林小品和雕塑等，给人以强烈的景观视觉效果，营造新型都市绿色景观。

1. 总体布局

博览园布局围绕主题，划分为“绿”之乐章、“水”之乐章、“缤纷”之乐章三大主题片区，由生命绿轴、健康休闲轴一主一次两条主题轴线构成全园的骨架和主旋律，各主题空间内设置的景点意喻跳动的音符，与主旋律有机交织、组合，奏响一曲情景交融的绿色奏鸣曲。

生命绿轴：园区主轴线，运用树荫、花草、石材、雾、声、光、影等内容的相互交融组景，突出春天、绿色、生命的主题，体现充满生机、蓬勃向上的精神。

健康休闲轴：通过植物环境的营造及与各种休闲健身活动设施的组合，为各年龄层次的游客提供充满活力的运动、健身、游戏、转换情绪的绿色空间，帮助人们缓解都市生活的压力，促进身心健康。

图 2-30　第三届（常州）园博会博览园全景图

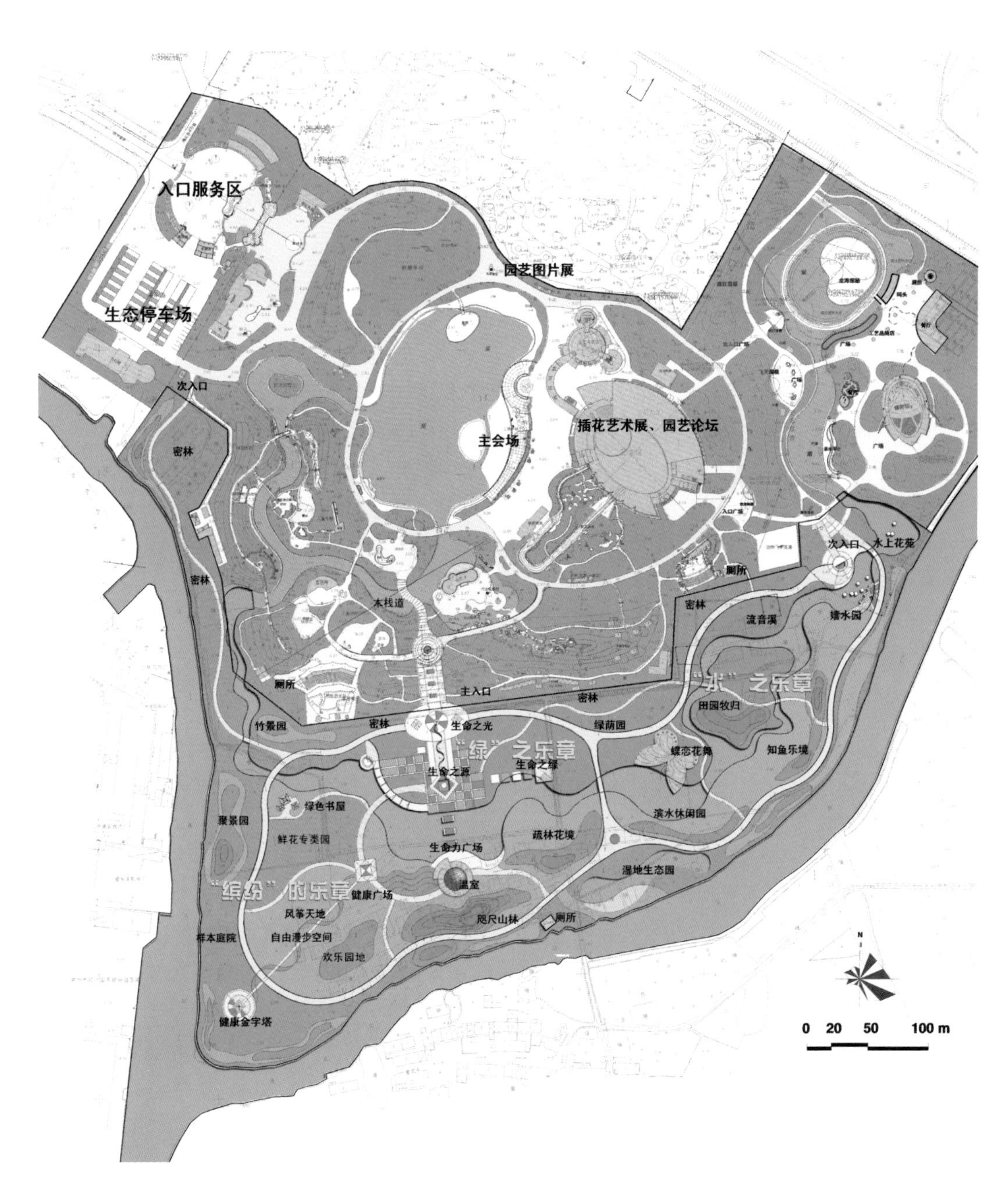

图 2-31　第三届（常州）园博会博览园总平面图

“绿”之乐章：运用植物材料（地被、花、灌木、乔木）构筑充满活力的、使人回味无穷的自然景观和园林景点，赋予绿色浓厚的文化品位及艺术风格，突出先进性、观赏性、多样性，充分展示我省现代园林、园艺水平。同时，最大限度地使人能够进入绿地、接近绿地，去亲近它、熟悉它，加深对自然的了解，从而更好地保护自然，达到人与自然的融合。

“水”之乐章：利用现状基地水面进行改造组景，不仅重视水的构图要素及造景功能，同时重视水文化的挖掘，借水抒情、以水传情，从人的行为心理出发，营造一些亲水空间，以近人的尺度、安全的环境、新鲜有趣的活动为大众提供看水、戏水、听水、饮水等内容，营造水与人、水与自然的和谐空间。

“缤纷”之乐章：设置园林、园艺参与性活动及科普活动基地，拉近人与自然的距离，增加人与人之间、人与自然之间的交流，体现相互之间的亲和关系，有助于推广园林、园艺的新技术、新成果，倡导大众热爱绿色环境，参与绿色环境建设，共同建设美好的家园。

2. 展园建设

本届园博会博览园共设13个省内城市展园。

表2-4　第三届（常州）园博会展园一览表

展园序号	展园名称	展园规模（公顷）	展园主题
1	常州展园	-	生命绿轴
2	南京展园	0.5	鲜花标本园
3	无锡展园	-	生命之绿
4	徐州展园	0.9	寿彭石园
5	苏州展园	0.4	知鱼乐境
6	南通展园	0.6	样本庭院
7	连云港展园	0.5	嬉水园
8	淮安展园	0.3	滨水休闲园
9	盐城展园	0.5	竹景园
10	扬州展园	0.5	疏林花境
11	镇江展园	0.6	流音溪
12	泰州展园	0.4	田园牧归
13	宿迁展园	0.5	聚景园

常州展园【生命绿轴】

生命绿轴为园区主轴线，全园以生命三大要素阳光、空气、水为主要内容，设置有迎宾广场、入口广场、中心广场、绿荫广场和生命力广场五大主题广场，以及栈道、花街、水街、玻璃桥四大景观连线，诠释生命与自然的关系，保护自然、珍惜生命。

图 2-32　常州展园（特等奖）

南京展园【鲜花标本园】

全园取花的组成部分，即“花托、花柄、花瓣、花蕊”构图，抽象地分解为展示台、广场、道路等功能区域，结合竖向设计，展示室外鲜花品种。绿色书屋为“绿叶”造型的钢架、木结构，体型轻盈活泼；室外设滨河木平台，供临水观景；室内设多媒体演示和花卉展览，让游人了解更多的园艺知识。登上赏花高台，全园繁花似锦，让人流连忘返。

图 2-33　南京展园（二等奖）

无锡展园【生命之绿】

穿越原始冰河，穿越浩瀚沙漠，绿色一星星、一点点，跳跃在山涧，攀爬上河岸；绿色在陶罐中间穿行，绿色在青铜鼎上燃起火焰；绿色终于踩着七彩卵石，行走在花带小径，向人们报告春天的消息，传送生命的信息。放眼远眺，绿荫园瀑布飞溅，盛开七彩虹霓；花草尽情欢呼，唱一曲“生命之绿”的优美赞歌。

图 2-34　无锡展园（二等奖）

徐州展园【寿彭石园】

依托深厚的彭祖文化，突出健康休闲的主题，以徐州特产灵璧石为特色，形成八组风格各异的景点，突出徐州特有的石文化艺术，充分展示了豪放雄浑、与自然融为一体的园林风格，体现了传统的造园技艺和鲜明时代感的完美结合。

苏州展园【知鱼乐境】

全园总体布局分为中心景区和疏林草坪区两部分，中心由观鱼廊、喷泉广场以及式样各异的观赏鱼池组成，设置木质平台和垂钓区，沿路布置精品观鱼点，通过喷泉广场、道路和小品串联成一个整体，材质现代，造型别致。

图 2-35　徐州展园（一等奖）

图 2-36　苏州展园（二等奖）

图 2-37 南通展园（特等奖）

图 2-38 连云港展园（二等奖）

南通展园【样本庭院】

全园分为五个样本庭院，每个庭院结合环境特点，以植物造景为主，营造出各类贴近生活的庭院空间。各庭院主题鲜明，布局形式各异，庭院间以绿化及各式围栏相隔，形成各自独立的景观氛围，突出了不同的造园艺术风格，各具特色。

连云港展园【嬉水园】

全园整体以“水”为造园线索，以沙滩为特色要素，分嬉水乐园、观景沙滩、棕林闲趣、金色海岸四个部分，设计充分利用相对开阔的水域地带，依托密林背景，加上相间布置的绿地、铺装以及嵌石的观景沙滩营造既丰富活泼，又乐于亲近的水域景观，游人在此倍感由亲水空间和异地风貌带来的愉悦。

淮安展园【滨水休闲园】

全园整体布局相地合宜，亲水宜人，以生态阶梯方式坡向水面。入口广场布置四条小溪，暗喻淮安“四水穿城”的城市特色。植物配置以淮安市树雪松为基调，配以桂花、红叶李、红枫、紫薇等花灌木，近水处以湿生植物鸢尾、菖蒲为主，营造一个绿色浓郁的生态化水陆边缘景观。

图 2-39　淮安展园（二等奖）

盐城展园【竹景园】

以竹为题，采用自然式的布局手法，通过弧形的青石园路组织形成三大活动区，即景观游览区、竹舞广场活动区和竹林观赏区。各区均突出竹景，采用片植、丛植、点植等多种栽植手法。园中竹篱小径、竹楼亭榭、竹舞小品，自然淡雅，充分展现竹子的广泛用途和返璞归真、妙趣盎然的竹之世界。

图 2-40　盐城展园（二等奖）

扬州展园【疏林花境】

全园以艺术化、装饰化的设计风格，展现“春媚”“夏清”“秋韵”“冬瑞”四季交替、轮回变幻的美景。柳树、桃花、琼花配植春鹃，象征醉人心目、生机勃勃的春天；广玉兰、合欢点缀金丝桃，形成浓荫密布的清凉夏景；银杏、红枫、柿树等色叶树点缀黄石，象征宽广爽朗、硕果累累的秋天；杉木、南天竹与白沙相映成趣，营造出大雪铺地的寒冬意境。

图 2-41　扬州展园（一等奖）

镇江展园【流音溪】

源头的泉亭处于较高地势，利用高差在溪流中设置滚水坝，泉水由亭下置石中流出，顺应地形从西向东顺流而下，与溪中置石相击，产生潺潺水声。溪流东端设置挺拔灵秀的“琴”雕点题。溪流南侧结合游憩草坪设置木质平台，方便游人休憩赏景。蜿蜒曲折的溪流、清新雅致的泉亭营造出水与人、人与自然的和谐空间。

图 2-42　镇江展园（二等奖）

泰州展园【田园牧归】

中心草堂依山而建，门前视野广阔，田园、河荡尽收眼底。远望全园，绿树郁郁葱葱，田埂纵横交错，村舍错落有致。近观景点，小桥流水人家，芦荡渔舟唱晚，牧童短笛悠扬。这种自然美的缩影，令人感到生机无限，赏心悦目，是现代精神与传统文明交相融汇的新寰宇。

图 2-43　泰州展园（二等奖）

宿迁展园【聚景园】

展现江南水乡地域特征和文化内涵，交融传统韵味与现代气息，将环境营造与盆景展示相结合，形成错落有致、富于变化的展示空间。植物配置结合盆景布置要求及展架设置，以乔木、草坪为主，配以观赏小乔木和灌木，景观交融，疏密得当。

图 2-44　宿迁展园（二等奖）

3. 场馆建设

本届园博会的游客接待中心、主会场、园林、园艺展览厅均利用恐龙园既有设施，商业服务及餐饮结合温室、蝶恋花舞景点设置。主场馆位于展区主入口，是博览园的标志性建筑，外形似一只恐龙蛋，和附近的恐龙园相互呼应并且有机地融为一体。展会期间，主场馆主要举办室内温室植物展。

图 2-45　“恐龙蛋”主场馆

（三）特色亮点

1. 创新的申办机制

本届园博会首次采取申办竞选的形式，确定承办城市的资格。各市积极要求承办园博会，继第二届江苏省徐州园博会之后，相继有四个城市提出申办要求。常州市以政府高度重视、特色鲜明的申报方案、完善的配套措施以及参与往届园博会建设的突出业绩，经竞选获得承办资格。由于全省各城市的积极参与，促进了全省园林园艺科技和艺术的交流、探索，给城市园林绿化事业带来新理念、新气息。

2. 灵活的运作机制

本届园博会在市场化运作机制上有了突破性进展。在常州举办的本届园博会在选址酝酿和办展资金筹措上，积极寻求市场运作方式的突破，采取了依托一个企业为主、社会各方支持的思路，因地制宜地将园博会的项目建设与促进企业发展有机结合，为办展的市场化运作机制积累了经验。常州中华恐龙园是本届园博会建设的主要依托企业，在充分考虑到该园现代主题公园的定位及其未来发展趋势的基础上，结合对常州市城市功能区的分析及博览园的规划立意，经专家的反复论证，确定了博览园选址和中华恐龙园参与建设的运作模式。建成的博览园展示区与中华恐龙园游乐功能区相对独立，环境建设有机融合，景观效果良好，既满足了博览会展示功能的需要，又为主题公园的发展开辟了前景。

图 2-46　园博园内远眺中华恐龙园

（四）社会影响

本届园博会的举办对地方经济发展产生积极的影响。一是常州市抓住举办园博会的机遇，将地方特色经济——花卉苗木生产、交易推向一个新的发展阶段。园博会首次设立分会场，举办全省大型苗木交易会，充分展示常州市的大型花卉、苗木交易市场与观光农业的风采，形成本届园博会上的又一个亮点。二是举办园博会扩大常州市的对外影响，促进交流。博览园的建造，形成新的旅游、休闲景点，对带动其他旅游项目的建设，促进常州市休闲游赏功能区的发展，起到积极的推动作用。

四、第四届江苏省（淮安）园艺博览会

（一）园博概况

第四届江苏省（淮安）园艺博览会主题为“蓝天碧水 · 吴韵楚风”，会期从 2005 年 9 月 20 日至 10 月 26 日。

本届园博会博览园选址在淮安钵池山公园，园区占地面积约 112 公顷，主要承担园博会开幕式、闭幕式、造园艺术展、园林园艺专题展览及园事花事活动，特色活动有水上运动表演、邮资明信片首发式等。

（二）园区建设

博览园突出“一山一水”“一动一静”“一古一今”的特点，把钵池山公园的古老传说、道教故事与现代的造园手法有机地融合到一起，充分体现了钵池山公园先进的造园理念。

1. 总体布局

博览园以现代的造园技术和艺术，塑造集生态展示、游赏于一体的现代园林景观。全园以两个游览环（陆上游览环与水上游览环），六个展示区（城市开放空间展示区、钵池山人文景观区、“吴韵楚风”展示区一、“吴韵楚风”展示区二、自然生态林区、主题园区）和一个视觉标志塔为空间结构，形成湖、河、岛、堤、山、森林、绿带花径等空间层次变化丰富的自然空间形态。

城市开放空间展示区：主要包括生命广场片区、花型序列标志片区、南入口片区以及市民休闲活动片区。主要景点有涌泉地刻、景观长廊、E 时代雕塑、云台石刻、树荫天地等。

钵池山人文景观区：主要包括北入口片区、钵池山片区。主要景点有经楼鼓柱、磐之道、爱莲亭、桃花石洞、水之舞、桃花花径、桃花石溪等。

“吴韵楚风”展示区：主题展示区是本次博览会的核心室外展览区，是全省各地 13 个市的展园集中所在地。

自然生态林区：留作后续开发之用，以体现规划的可持续发展原则。展会期间以乡土植物作丛林栽植。林间铺设木栈道，若隐若现，密林野趣自然流露，人行走其中，恍若置身大自然的怀抱，散落其间的露天营地又让人体会到山野风情。

主题园区：主要包括儿童乐园片区和盆景园片区。儿童乐园结合自然地形，采取疏密有致的方式布局，构件以原木为主，造型自然稚趣，充分考虑儿童的身心健康发展。盆景园以水体围绕作空间分区布局处理，蜿蜒的水道衬托精美的盆景，别有一番景致。盆景园中部用水分割，水道两旁用卵石、木板交错处理，让树荫与流水相辉映。

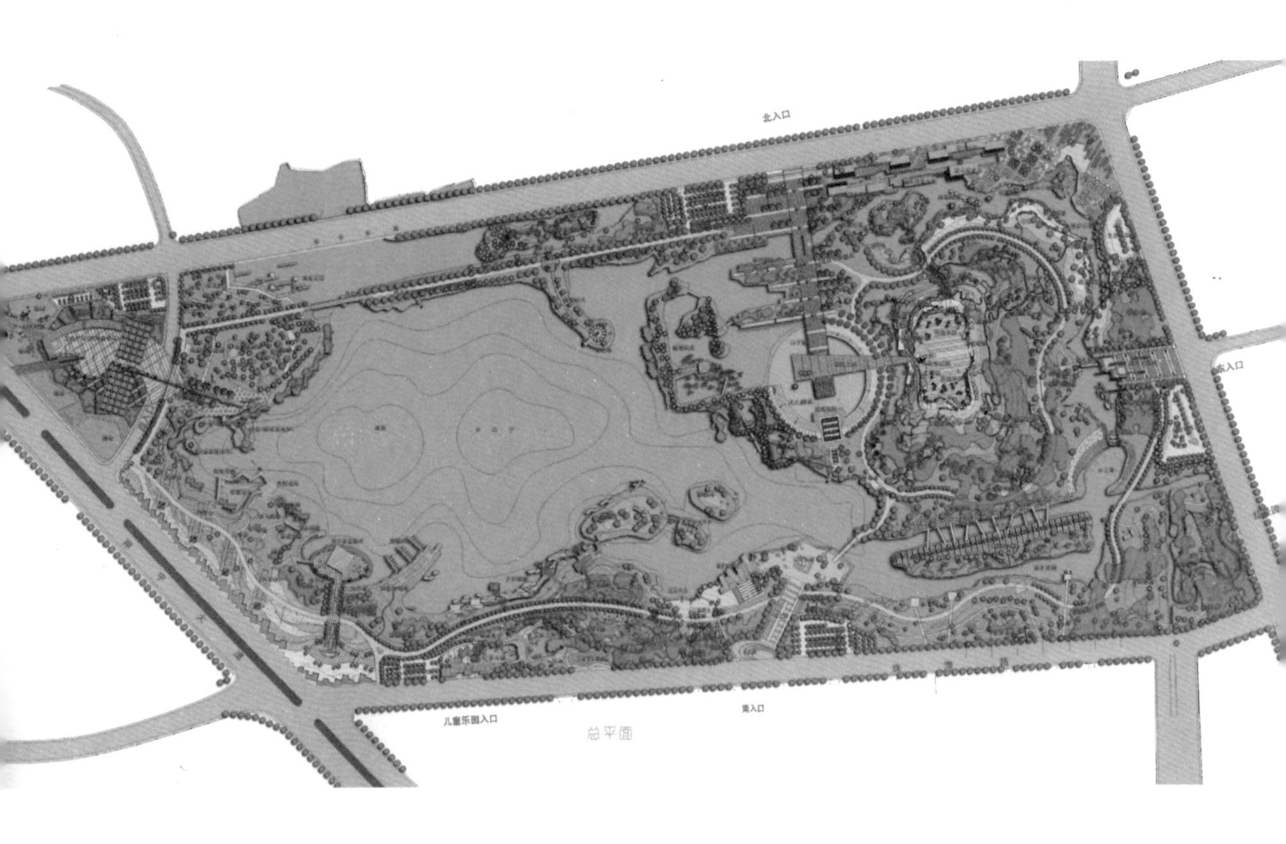

图 2-47　第四届（淮安）园博会博览园总平面图

图 2-48　第四届（淮安）园博会博览园鸟瞰

2. 展园建设

本届园博会博览园共设 13 个省内城市展园。

表 2-5　第四届（淮安）园博会展园一览表

展园序号	展园名称	展园规模（公顷）	展园主题
1	淮安展园	0.5	花堤蕊影
2	南京展园	0.5	知鱼乐栈
3	无锡展园	0.5	清风杨柳
4	徐州展园	0.5	两汉古韵
5	常州展园	0.5	云溪竞渡
6	苏州展园	0.5	翠林雅筑
7	南通展园	0.5	夕石唱晚
8	连云港展园	0.5	烟雨云港
9	盐城展园	0.5	绿茵青韵
10	扬州展园	0.5	广陵观琼
11	镇江展园	0.5	丛林叠翠
12	泰州展园	0.5	梅兰情怀
13	宿迁展园	0.5	竹径通幽

淮安展园【花堤蕊影】

水湾伸入湖面，环抱一潭静水，鲜花铺堤，月色映蕊，花之塔流彩夜色，诗情画意油然而生。

图 2-49　淮安展园（一等奖）

南京展园【知鱼乐栈】

鱼戏于水，幕厅、木栈道、观景平台倒映于水中，游人至此，构成人鱼共乐之美景。

无锡展园【清风杨柳】

绿柳随着清风婆娑于水岸，与水中倒影相映成趣，别致的逸风亭与木栈道台相交相融，成为临风观柳的好去处。

图 2-50　南京展园（特等奖）

图 2-51　无锡展园（二等奖）

徐州展园【两汉古韵】

几尊历经沧桑的巨石站立于近门处，蜿蜒的石道上深深的刻痕向前延伸，汉文化的雄浑之意趣再次表现得淋漓尽致。

常州展园【云溪竞渡】

天然长条毛石错落有致地置于水中，又浮又沉，与岸相通，意喻蛟龙，游人跳行于其上，别有一种碧水逐龙的情趣。

图 2-52　徐州展园（二等奖）

图 2-53　常州展园（特等奖）

苏州展园【翠林雅筑】

典雅的枫桥与生态岛屿相连，别致的亭、廊、栈道共筑出自然优美的园林景观，岛上红枫处处，更给人以无穷联想。

南通展园【夕石唱晚】

由风雨雕成的自然石，或散布于草坪之上，或布置于休憩的平台边，形成雄浑的巨石景观，是游人观赏夕照的绝佳之处。

连云港展园【烟雨云港】

形似港湾，景借三仙岛，游人如临其境，似可感受到大海的开阔博大。

盐城展园【绿茵青韵】

芳草如茵，蜿蜒的木平台结合着错落有致的景墙延伸至湖边，湿地的生态植物群落让游人倍感亲近。

图 2-54　苏州展园（二等奖）

图 2-55　南通展园（一等奖）

图 2-56　连云港展园（二等奖）

图 2-57　盐城展园（二等奖）

扬州展园【广陵观琼】

营造隋炀帝广陵观琼的盛景，展示“维扬一枝花，四海无同类”的扬州市花琼花仙姿绰约的风采。

镇江展园【丛林叠翠】

植物层次丰富，与地形地貌相融洽，山林景致虽由人作，却宛自天开，俨然成为城市中的绿洲。

泰州展园【梅兰情怀】

通过沿路设置六组园林建筑小品介绍梅兰芳大师在不同时期创作表演的精彩剧目，再现梅兰芳大师德艺双馨的艺术人生。

宿迁展园【竹径通幽】

竹林清幽，竹径绵延其中，加之零星分布的独特圆灯，不仅让人感到竹径通幽之妙趣，更让人感到竹影婆娑之奇景。

图 2-58　扬州展园（二等奖）

图 2-59　镇江展园（一等奖）

图 2-60　泰州展园（二等奖）

图 2-61　宿迁展园（二等奖）

3. 场馆建设

本届园博会设置有滨水温室展厅、园艺展览馆、滨水茶吧等提供展示、游览、休闲功能的场馆建筑。其中滨水温室展厅运用现代手法，结合临水码头，打造与环境相协调统一的主场馆建筑。整个温室展厅以玻璃钢架构造，为室内提供充足的自然光线，达到环保、节能的功效。同时为达到可持续发展的目标，结合会后功能的转换，在规划设计之初就充分考虑功能布局的合理性，为展会后续使用提供便利。其独特巧妙的造型，成为园中一大亮点。

（三）特色亮点

1. 灵活统筹建设要求

本届园博会首次总体设计实行国际招投标，总体规划图对博览园的建设提出了一体化的要求。市场化的运作机制体现灵活的办园思路，使得本次园博会的建设充满生机与活力。

2. 合理节省投资资金

充分体现节约型园林建设的理念，注重对项目实施计划进行经济分析，实现资金配置最优化。保留钵池山公园既有的植被资源、水系河道、生态湿地等；因地制宜，尊重场地现状，合理安排竖向设计，节约土方。

3. 全面融入本土文脉

充分体现历史文化名城的地域特色，营造融入地方文化与活力的体验空间。博览园整体布局顺应主题，在大口子湖东侧重塑钵池山山体，通过对史料中钵池山形象的记载，运用天然石材与人工塑石的堆砌，结合覆土植被形成的葱葱山林，重现钵池山昔日的风韵，塑造出依山傍水的山林景观。主题空间集观赏性、功能性于一体，体现地域文化与生态景观的完美结合，诠释历史、文化与自然的关系，营造出体现淮安深厚文化底蕴的新型园林景观。

（四）社会影响

本届园博会在展会期间共接待游客近 50 万人次，同时博览园的建设为淮安城市中心区增添了一块大型公共绿地，极大地推进了淮安城市建设及环境与基础设施配套。各项园事花事活动充分体现了现代性、开放性、推广性和参与性，对全省园林绿化和园艺事业发展起到创新和示范作用。园博会期间，全省 13 个市的市长共同发表了“绿色城市宣言”，承诺要保护赖以生存的生态环境，建设舒适宜人的绿色家园。

五、第五届江苏省（南通）园艺博览会

（一）园博概况

第五届江苏省（南通）园艺博览会主题为“山水神韵·江海风”，会期从 2007 年 9 月 20 日至 10 月 19 日。

本届园博会博览园选址在狼山风景名胜区内，园区占地面积约 48.5 公顷，承担园博会开幕式、闭幕式、造园艺术展、园林园艺专题展览及各项园事花事活动。

（二）园区建设

博览园采用现代造园手法，山、水、园相互交融，形成有机整体。在满足狼山风景名胜区整体规划要求、生态性原则以及博览园特殊功能的前提下，突出博览园建设的创新性、艺术性和节约性。

1. 总体布局

博览园依托狼山风景名胜区优质资源，充分尊重基地特征，借景周边环境，形成“一核、三轴、五区”规划格局，采用以中心水景为核心，三条景观视觉轴线，分成江海风情、园艺集萃、灵山胜境、西山怀古、梅岭览胜等五个特色鲜明、形态各异的功能分区。

江海风情区：现代园艺与科技展示区，风格诗意、浪漫。

园艺集萃区：展示省内 13 个省辖市园林园艺创作水平，风格自然。

灵山胜境区：以自然湿地为景观主题，风格幽远静谧，呼应狼山广教寺的圣洁氛围。

西山怀古区：以保护和恢复历史遗存，修缮现存建筑景观设施为主，延续历史风貌。

梅岭览胜区：以江景为功能特色景观，依山傍水，以奇险取胜。

图 2-62　第五届（南通）园博会博览园总平面图

图 2-63　第五届（南通）园博会博览园鸟瞰

2. 展园建设

本届园博会博览园共设 13 个各具特色的省内城市展园。

表 2-6　第五届（南通）园博会展园一览表

展园序号	展园名称	展园规模（公顷）	展园主题
1	南通展园	0.5	映山泽境
2	南京展园	0.5	梅林花雨
3	无锡展园	0.5	爱屿情波
4	徐州展园	0.5	西溪探源
5	常州展园	0.5	闻香寻芳
6	苏州展园	0.5	枫桥夜泊
7	连云港展园	0.5	水映松竹
8	淮安展园	0.5	桑田村庐
9	盐城展园	0.5	禅语寻踪
10	扬州展园	0.5	二分明月
11	镇江展园	0.5	西山径幽
12	泰州展园	0.5	翠园绿坡
13	宿迁展园	0.5	林霭秋雨

南通展园【映山泽境】

将既有滨江鱼塘恢复成水生、湿生植物丰富的湿地景观。池塘北部有水阶和溪流，溪流边适当结合佛教主题设有三圣佛窑、松风水月亭、圣泉景观。

图 2-64　南通展园（特等奖）

图 2-65　南京展园（一等奖）

南京展园【梅林花雨】

以四季百花组成的花境为主要造型手段，新颖别致，展现花卉色彩之美。

图 2-66 无锡展园（一等奖）

图 2-67 徐州展园（二等奖）

图 2-68 常州展园（特等奖）

无锡展园【爱屿情波】

根据整体安排为爱情主题景观，无锡天下第二泉闻名于世，结合泉月意境，以象征爱情的玫瑰、百合为主要观赏植物。

徐州展园【西溪探源】

从石缝中、泉眼里涌出的清泉流进石涧水潭，水潭层层叠叠，曲水蜿蜒流觞，其景清幽寒澈、绿荫如绵。

常州展园【闻香寻芳】

以种植闻香类植物为主，此地与梅林隔水相望，冬天赏梅闻香，春、夏、秋则另有百花相应。

图 2-69　苏州展园（一等奖）

苏州展园【枫桥夜泊】

苏州是著名园林城市，同时也是东方水城，以园林艺术和古桥著称，故此园以创新的传统园林和石桥景观为主，并种植中国传统寓意植物。

扬州展园【二分明月】

扬州是鉴真和尚东渡日本的出发地，故园中栽植樱花，三月开放，搭配园中扬州市花琼花，打造春天之美景。

镇江展园【西山径幽】

以喜荫草花地被为主要特色，结合亲水木栈道，营造人在林中走、鸟在树上鸣的幽静气氛，体现了自然本色的园林风格。

图 2-70　扬州展园（一等奖）

图 2-71　镇江展园（一等奖）

图 2-72　淮安展园（二等奖）

图 2-73　连云港展园（二等奖）

淮安展园【桑田村庐】

在场地内刻意留有一棵百年古桑，古人云“沧海桑田”，故设桑田村庐，以农趣园为主题，近傍西山村庐本意。

连云港展园【水映松竹】

在水滩、湖岸撒满卵石，在人工堆起的土坡上种植造型优美苍劲的松林，一座登高望远的“观山楼”掩映在松林之后。

泰州展园【 翠园绿坡】

由绿坡、水池和林地结合而成，生态化的地景为主要表现手法，结合佛教的禅意进行艺术表达。

盐城展园【禅语寻踪】

以“禅”为主题，通过感禅、寻禅、悟禅、语禅四个小空间景点的组合，营造出佛教的氛围，与狼山景区融为一体。

宿迁展园【林霭秋雨】

位于西北一角，配合地形与区位选种红枫、银杏等秋色叶林木并配合观叶类植物，斜阳缓坡，极具古意。

3. 展园建设

主展馆是集生态功能与现代科技于一体的膜结构温室，位于博览园东北部，展示热带雨林植物及风光，主体为一半卵形钢结构，表面为先进的 ETPT 透光膜，减轻重量、减少结构用钢量。

图 2-74　主展馆膜结构温室实景图

（三）特色亮点

1. 节约用地

本届博览园位于山（黄泥山、马鞍山）、水（长江）、园（滨江公园）之间，既达到了狼山风景名胜区总体规划中拓展黄马景区至规划环山北路的目标，增加了黄马景区的北侧腹地，又将滨江公园、黄泥山、马鞍山、狼山相互串联起来，丰富了城市滨江生活岸线，增加了游览选择的多样性和观赏的趣味性，通过凸显山水环境综合整治，拓展了狼山风景名胜区的景区景点。

2. 节水节能

节水方面：博览园外依长江，南侧长江岸线全长 2 010 米，内与濠河水系相呼应，园区拥有水面 10.1 公顷，占整个园区面积的 21%，同时园区内运用栈桥将水与岸巧妙连接，形成了真山真水，山、水、园相互交融的格局，对自然环境起到了画龙点睛的功效。水源上，在需要对水体换水的时候，利用长江潮汐原理，在涨潮时进水，落潮时排水，节约了大量的电能及自来水。

节能方面：博览园温室制冷制热采用地源热泵系统，有效地节约了能源。在冬季，根据地下水温度高于地上环境温度的情况，通过系统，将地热用在制热上，节省了大型空调机组运行成本。夏季，利用地下水温度低于环境温度的情况来制冷。根据估计，可有效节能超过 30%。

节约材料方面：温室采用了先进的 ETFE 膜技术，相对于常用温室的玻璃幕墙结构，大大减轻了建筑的自身重量，为此温室钢结构方面用钢量大大减少，整个网壳的用钢量只有 65 吨，大大降低了建筑能耗。

3. 植物保护利用

园内通过不同植物材料的组合，重点体现自然的湿地生态景观，追求朴素简洁的自然风格。在营造乔灌错落有致、花草交相辉映、观叶赏花互为补充植物美景的同时，注重丰富景区植物资源，维护了生物品种的多样性。借助江滩湿地，匠心独运，在江边精心构筑两处观江栈道，让人置身于芦苇、大米草丛中，回归自然。

（四）社会影响

本届园博会高度浓缩了江苏山水兼备、通江达海的地域特色，巧妙结合园林艺术追求的神韵风采。借由本届园博会的举办，完成狼山风景名胜区周边大规模的环境整治，扩展风景名胜区范围，完善游览功能，博览园与景区有机融为一体，提升狼山风景名胜区的环境质量和景点建设水平。建成后的园博会博览园进一步优化了狼山及滨江周边生态环境。在保留原有各类乡土植物的基础上，新栽植品种优良、生态优美的植物 200 余种，新增乔木 6 500 余株，各类灌木、宿根花卉 96 万余株，水生植物 2 万余塘。项目建成后拓展城市生态绿地与景观空间，极大丰富了城市滨江生活岸线，有效提升城市品位和人居环境，提升了狼山风景名胜区的知名度和美誉度。

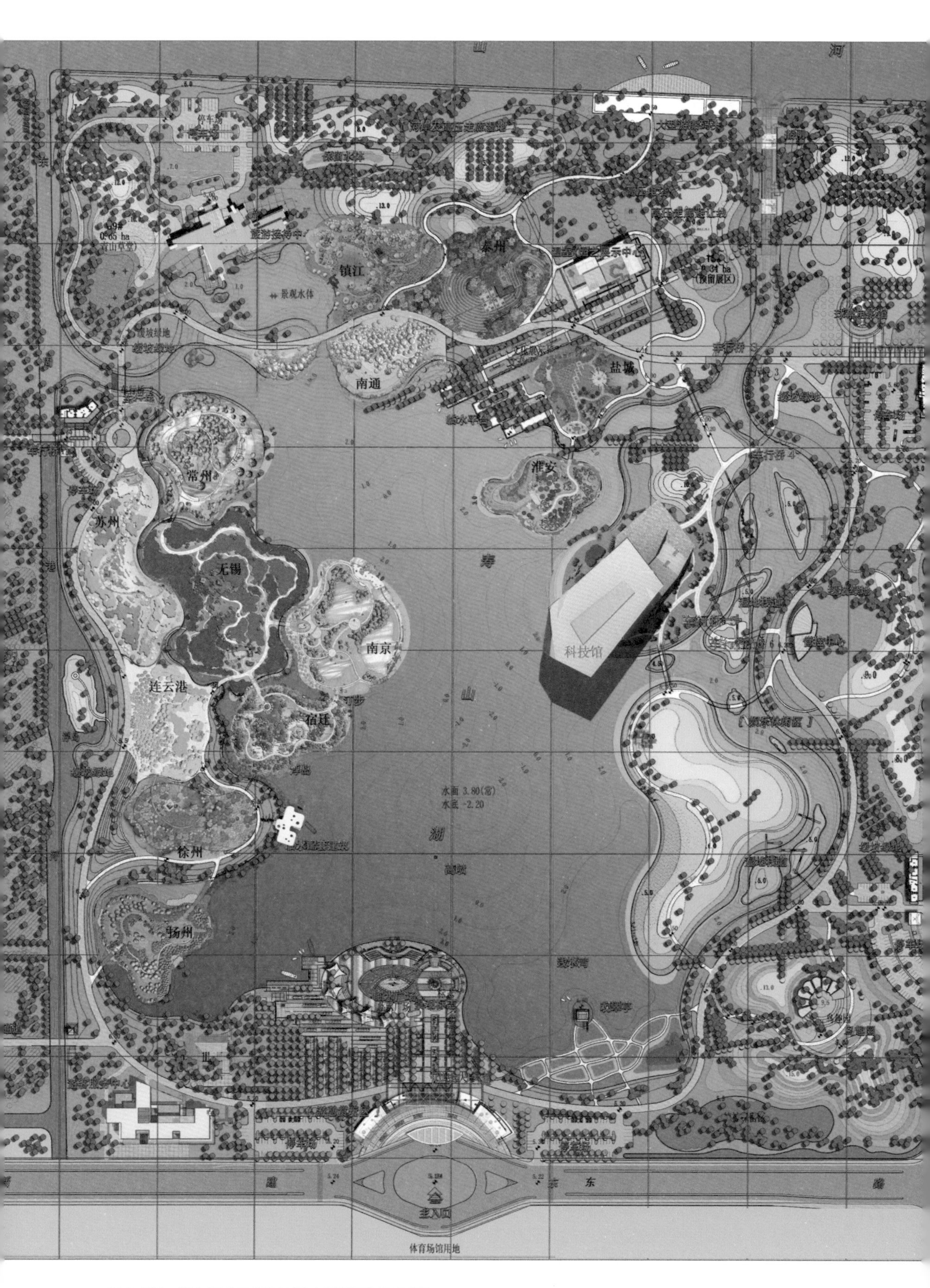

图 2-75 第六届（泰州）园博会博览园总平面图

六、第六届江苏省（泰州）园艺博览会

（一）园博概况

第六届江苏省（泰州）园艺博览会主题为“水韵绿城 · 印象苏中”，会期从2009 年 9 月 26 日至 10 月 26 日。

本届园博会博览园选址在泰州市周山河街区的核心区域，园区占地面积约 100 公顷，主要承担园博会开幕式、闭幕式、室外园林艺术展、盆景赏石精品展、秋季花卉与插花艺术展、节约型园林绿化学术研讨会、园林书画摄影艺术展等园事花事活动。

（二）园区建设

博览园以山水画卷为蓝图，以“现代、生态、节约、科技”为宗旨，用现代手法营造生态式城市山林与湿地景观，并利用园湖和周山河水系，与环城河、凤凰河连成一体，彰显泰州水城特色，突出水乡风光，营建集生态功能、美学功能和游憩功能以及良好景观格局的生态公园。

1. 总体布局

以水文化、名城文化为主题，用朴素、贴切的主题去表现“水韵泰州，一池三山”，形成以“人文为轴、生态为脉”的空间布局模式。采用现代景观理念和造园手法，提取凤凰文化，以由点到线、由线及面的表达方式完美呈现和谐之美；以水为生态纽带，串绕起八种水的自然形态，细腻丰富地营造出以水为命题的主题景观。

2. 展园建设

本届园博会博览园共设 15 个各具特色的展园，分为省内城市展园和首次亮相的专类展园。

图 2-76　第六届（泰州）园博会博览园鸟瞰

表 2-7　第六届（泰州）园博会展园一览表

展园序号	展园名称	展园规模（公顷）	展园主题
1	泰州展园	0.7	草堂品茗
2	南京展园	0.8	平坡晓色
3	无锡展园	0.8	山亭文会
4	徐州展园	0.6	落雨听琴
5	常州展园	0.8	明净如妆
6	苏州展园	0.9	茂林清趣
7	南通展园	0.8	闲亭聆风
8	连云港展园	0.5	书庐深居
9	淮安展园	0.6	梧竹秀石
10	盐城展园	0.7	丛篁幽音
11	扬州展园	0.6	三友观翠
12	镇江展园	0.9	东篱菊影
13	宿迁展园	0.6	柳溪渔隐
14	专类展园（牡丹园）	-	-
15	专类展园（月季园）	0.9	-

泰州展园【草堂品茗】

融入泰州众多地方元素，如银杏、古井，以及以《茶经》内容为立意的园林艺术小品等；设计手法现代，部分景点的设计具有冲击力和感染力；屋顶绿化、垂直绿化等运用现代科技手段，非常具有现代气息。

南京展园【平坡晓色】

石城迎客是用景墙以及石景形成空间开合，体现南京“石头城”的特色。疏影绿汀则是在四块起伏的小岛上，种植以南京红、美人梅为主的南京市花“梅花”，通过地形起伏的衬托，表现植物群落的造景效果。

无锡展园【山亭文会】

展园四面环水，利用人工堆砌的土山以及与湖面的高差，形成山体与水体交织相融和“山环水、水抱山”的整体景观特征。展园地形蜿蜒，道路曲折迂回，景观视点丰富、多变，营造出步移景异的景观效果。

徐州展园【落雨听琴】

徐州展园是园区的制高点。地块两面临水，西高东低，与园区次园路紧密相连，西面、北面有曲径从旁经过，与西面临水茶社相呼应。通过巧妙的手法将进入展园内的水系变为人们亲水、嬉水的景观元素。

常州展园【明净如妆】

展园内的小品设计以“秋”为切入点，从“叶”和“妆”着手，主要设有金叶迎秋和秋高气爽两个景点。常州以出产梳篦闻名于世，在展园的挡墙上雕刻富有常州特色梳篦文化的浮雕，配植具有秋天代表性的色叶木作为背景。

图 2-77　泰州展园（一等奖）

图 2-78　南京展园（一等奖）

图 2-79　无锡展园（一等奖）

图 2-80　徐州展园（特等奖）

图 2-81　常州展园（特等奖）

图 2-82　苏州展园（二等奖）

图 2-83　南通展园（特等奖）

苏州展园【茂林清趣】

结合苏州园林的造园理念和造园方法，用尽可能少的构筑物与植物景观，结合展园地块特点，营造出具有“茂林清趣”的自然景观。空间布局上，沿西面环路为密林背景区，东面坡地为疏林草地游览区。

南通展园【闲亭聆风】

处于整个绿地大环境的前景区，突出田园、野趣、生态、自然的特征。展园以南通特有的板鹞风筝为造园元素，撷取这一古老的地域文化特色，巧妙地融入园林艺术创作中去，着力营造悠然、闲适、秀姿天成的园林意境。

连云港展园【书庐深居】

在继承传统造园技艺手法的基础上，在材料、品种、工艺等方面都有所创新。展园的主要景观“书庐”采用块石砌筑的景墙做“书庐”的墙体，形成一个独特的围合空间，没有“书庐”的外形，却有“书庐”的意境。

淮安展园【梧竹秀石】

以三棵铜铸的梧桐为主体，树的叶子用铜铸成外轮廓，以玻璃充当叶面，树干交叉在一起，不仅美观，而且能够挡风遮雨。与泰州古称凤城暗合，体现了较高的人文元素。

盐城展园【丛篁幽音】

以竹为主要素材，共栽植了慈孝竹、桂竹、紫竹、红竹等 10 多种名贵竹，并辅以高大乔木、灌木、花径等植物，着力营造“幽音”之意境，体现出生态、人文、现代特色。

扬州展园【三友观翠】

以植物景观为主，将岁寒三友“松、竹、梅”有机糅合，同时栽种扬州的市花琼花、芍药，市树柳树和银杏，以及大量的水生植物，营造生态意境；造景采用扬州传统的造园手法，景点的道路铺设、植物分布，均与扬州景区、私家园林如出一辙。

镇江展园【东篱菊影】

展园入口景墙以竹篱笆墙为主景，形成障景效果。园区中心北部，模仿自然群落形式的林带种植女贞等树木，林下边缘片植小菊花，听鹂亭东西两侧则栽植案头菊、悬崖菊、塔菊等观赏性菊花，南侧点植桂花，使主景在其后若隐若现。

图 2-84 连云港展园（一等奖）

图 2-85 淮安展园（特等奖）

图 2-86 盐城展园（一等奖）

图 2-87 扬州展园（一等奖）

图 2-88 镇江展园（一等奖）

宿迁展园【柳溪渔隐】

在环岛临水的外围，遍植湿生植物，包括芦苇、鸢尾等。整个展园在植物景观配置上以柳、桃树为主，展示宿迁绿意盎然的景观特色。在苗木配置方式上，以自然式为主，突出自然群落之美，与传统建筑相呼应。

专类展园【牡丹园】

牡丹园充分体现源远流长的牡丹文化，自然式的布局形式，是现代与古典园林相结合的风格。

专类展园【月季园】

月季园的布局采用规则式与自然式相结合的方式。园内空间开阔，地形自然起伏，以采用自然式月季模纹图案进行同种分区为主，顺应地形，以展示大花月季为主，是月季园的核心区。

3. 场馆建设

本届园博会主场馆滨水而建，秉承低碳、环保的理念，采用多项绿色科技，打造低能耗、清洁能源示范场馆。主展馆夜景方案设计采用LED光源，在夜间可以成为中国吉祥图案“凤穿牡丹”中的牡丹，构成一幅立体的吉祥图案。

图2-89　宿迁展园（二等奖）

图2-90　牡丹展园

图2-91　月季展园

图 2-92　远眺主场馆建筑

（三）特色亮点

1. 充分吸纳社会力量

本届园博会充分借鉴前五届园博会的办展经验，在创新、创优、创效上下功夫。在市场化运作方面，充分运用市场机制，积极探索市场化运作，采用出让冠名权、广告权和接受赞助、经营有关活动项目等方式，动员和吸纳社会力量支持、参与园博会。

2. 完整保留乡土植物

博览园建设利用挖河堆土造山，并最大限度保护既有近千棵银杏树、成片杨树林和既有港河等水面，展现原有生态风貌。造景材料注重乡土性、多样性，采用大量的乡土树种，体现公园的乡土特色。园内所有驳岸除建筑基础所需硬化外均为自然缓坡，丰富的水生、湿生和沼生植物营造出生机盎然的特有湿地景观。

3. 全面应用绿色科技

在造园技术上，突出新材料、新技术、新工艺与造园的完美结合，集中展示了 200 多种自播自繁、抗旱能力强的宿根花卉、地被植物和乡土树种。

园林照明采用太阳能发电新技术，园林道路采用透水路面，园林建筑因地制宜采用节能新技术等，充分展示现代造园艺术水平，反映了园林绿化建设的创新思维。

4. 充分考虑后续利用

本着可持续发展的设计理念，本届园博会在规划设计之初就将远期目标定位于功能多元化的综合性公园，考虑到周山河公园独特的亲水性，可适当发展各类水上游览休闲项目。同时博览园的建设延续了城市景观绿色轴线，与溱湖、东城河、泰山公园、春兰工业园等景区景点形成一个系统的旅游景观体系，强化了城市的视线景观轴线，提升了城市的品位和品牌价值。

（四）社会影响

本届园博会展会期间共接待游客近 100 多万人次。经过园博会的举办，带动周边产业的发展，省泰州中学新校区、人民医院新址及华润、绿地、上林苑等一批居住区相继建成，周山河街区房价也实现了大幅增值。在 2010 年，博览园正式更名为天德湖公园，对市民免费开放，吸取市民意见，将宿迁园改造为月季园，将盆景园改造为牡丹园，提升了公园品质与内涵。同时，与周围公园绿地形成有效串联，使天德湖公园成为连接城区景观项链中一颗闪亮的珍珠，更成为泰州的一张名片。

七、第七届江苏省（宿迁）园艺博览会

（一）园博概况

第七届江苏省（宿迁）园艺博览会主题为“精彩园艺 · 休闲绿洲”，会期从 2011 年 9 月 26 日至 10 月 26 日。

本届园博会博览园选址在宿迁风景秀丽的骆马湖畔，园区占地面积约 69.4 公顷，主要承担园博会开幕式、闭幕式、造园艺术展、园林园艺专题展览及园事花事活动，特色活动有“新技术、新设备、新材料”展示交易会、“童眼看园艺”中小学生园林园艺科普教育等活动，以及龙舟邀请赛、滑水表演、骆马湖渔火节等。

（二）园区建设

博览园采用现代造园手法，充分挖掘特色滨湖文化，营造生态型、节约型城市园林与湿地景观，突出休闲功能，鼓励创新创造，着力打造“展园精致、景观优美、自然和谐、风情浓郁”的现代生态园林。

1. 总体布局

博览园以湖泊湿地为主线，将造园艺术与沿湖自然景观有机结合，采用“一核、两轴、六区”规划格局，以中心水景为核心，形成中心景观和滨水商务休闲两条轴线，分成主入口服务区、滨水文化广场区、造园艺术展区、湖滨生态体验区、展销服务街区、中心水景区等六个特色鲜明、形态各异的功能分区。

主入口服务区：位于园区中部，是博览园主展区的主入口，重点突出本地块的庄重与大气，满足人流集散的需求，主要景点有展馆前广场、滨水看台、音乐喷泉等。

滨水文化广场区：位于骆马湖上，与主展馆相互对景，周边设置了若干休闲生态岛屿，由栈道串联其间，岛上设置休息平台、建筑小品，是主展馆在视觉上良好的延续。

造园艺术展区：本次博览园的核心室外展览区，是全省 13 个省辖市的展园集中所在地，规划以“典型”“特色”“奇”“精”为主要景观、风貌要求，着眼于展现全省各地园艺园林的新发展、新技术、新特色。在展览区的周边建设一系列观景、游憩、游玩的设施，如滨水文化广场、滨水景观平台、休闲服务街区等，打造优美的公共自然风光。

湖滨生态体验区：对现状既有景观及建筑进行修改并添加多种景观元素，使该区域更加吸引游人驻足观赏，主要景点有篝火剧场、沙滩排球、沙滩浴场、休闲茶室等。

展销服务街区：将主展馆以南、沿市政河道两侧的地块设置为低密度的服务设施用地，融餐饮休闲、旅游购物、民俗风情展示于良好的绿色环境之中，采用步行街区的形式，融入当地文化、风情，将不同的服务空间、景观体块连接在一起，形成良好的步行水街景观，使之成为园博会重要的服务接待区。

中心水景区：将市政河道在主要的景观中轴线上部分放大为湖面，沿湖边建设休息观景平台、滨水步道，在创造良好的水域景观空间的同时，又为新城提供了一个面向骆马湖的良好衔接，优美的水景空间成为周边建筑的映衬。

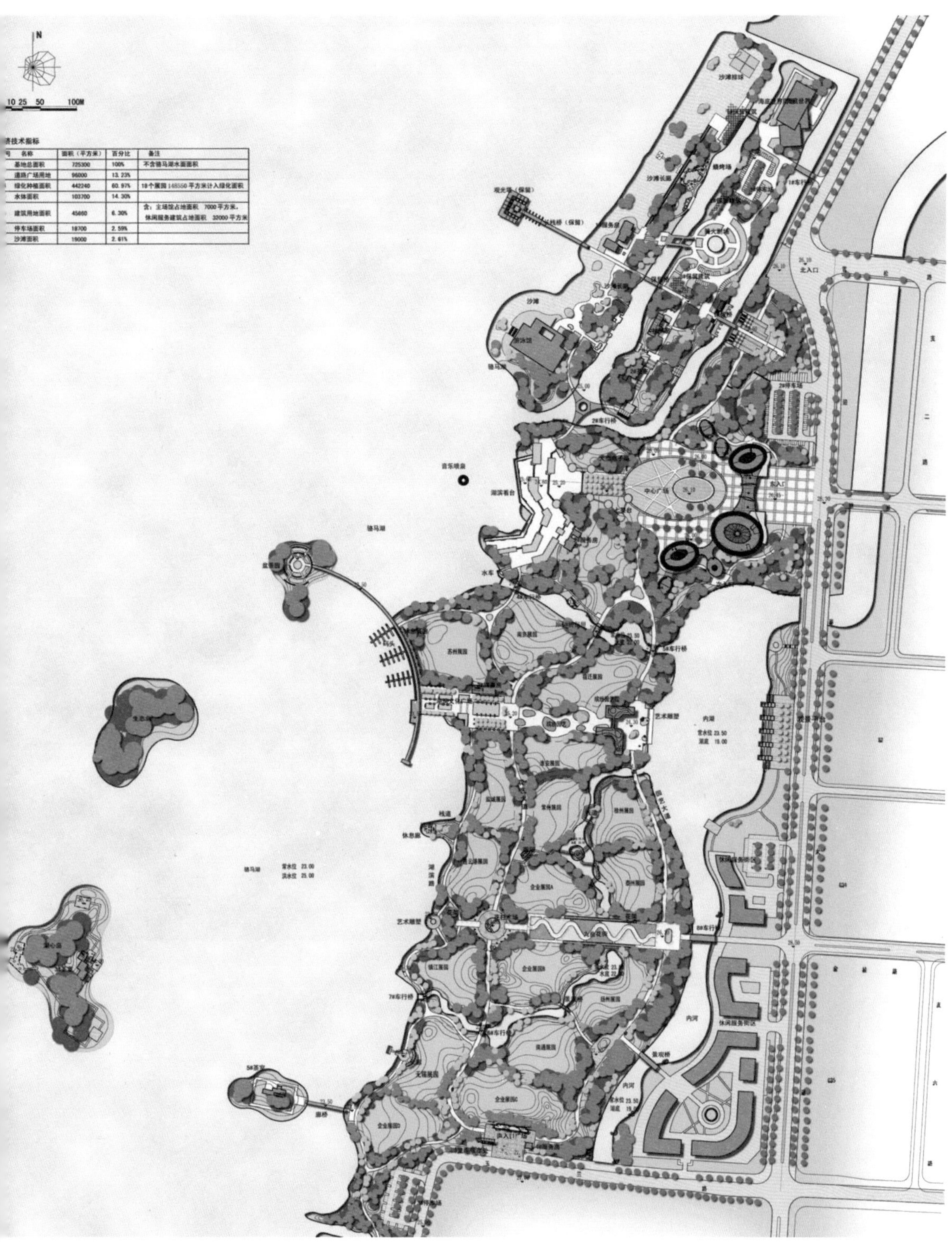

图 2-93　第七届（宿迁）园博会博览园总平面图

图 2-94　第七届（宿迁）园博会博览园鸟瞰

2. 展园建设

本届园博会博览园共设 18 个各具特色的展园，分为省内城市展园、国际国内友好城市展园、设计师和企业展园，首次邀请国际友好城市参与建设国际友城展园。

表 2-8　第七届（宿迁）园博会展园一览表

展园序号	展园名称	展园规模（公顷）	展园主题
1	宿迁展园	1.2	绿醉酒都
2	南京展园	1.0	古都新航
3	无锡展园	0.8	异彩留沁
4	徐州展园	0.7	方寸天堂
5	常州展园	0.8	南田遗韵
6	苏州展园	1.1	桃坞听枫
7	南通展园	0.9	渔风海韵
8	连云港展园	0.8	港之望
9	淮安展园	0.8	水印花城
10	盐城展园	0.8	平湖秋月
11	扬州展园	0.9	古刻新韵
12	镇江展园	0.9	曲水香洲
13	泰州展园	0.8	曲苑浮翠
14	友城展园——昆明展园	–	古今大观
15	友城展园——绵竹展园	–	感恩 · 祝福
16	友城园——法国阿尔萨斯大区展园	–	雍梁图画
17	设计师展园	–	印象骆马湖
18	企业展园	–	彩化中国

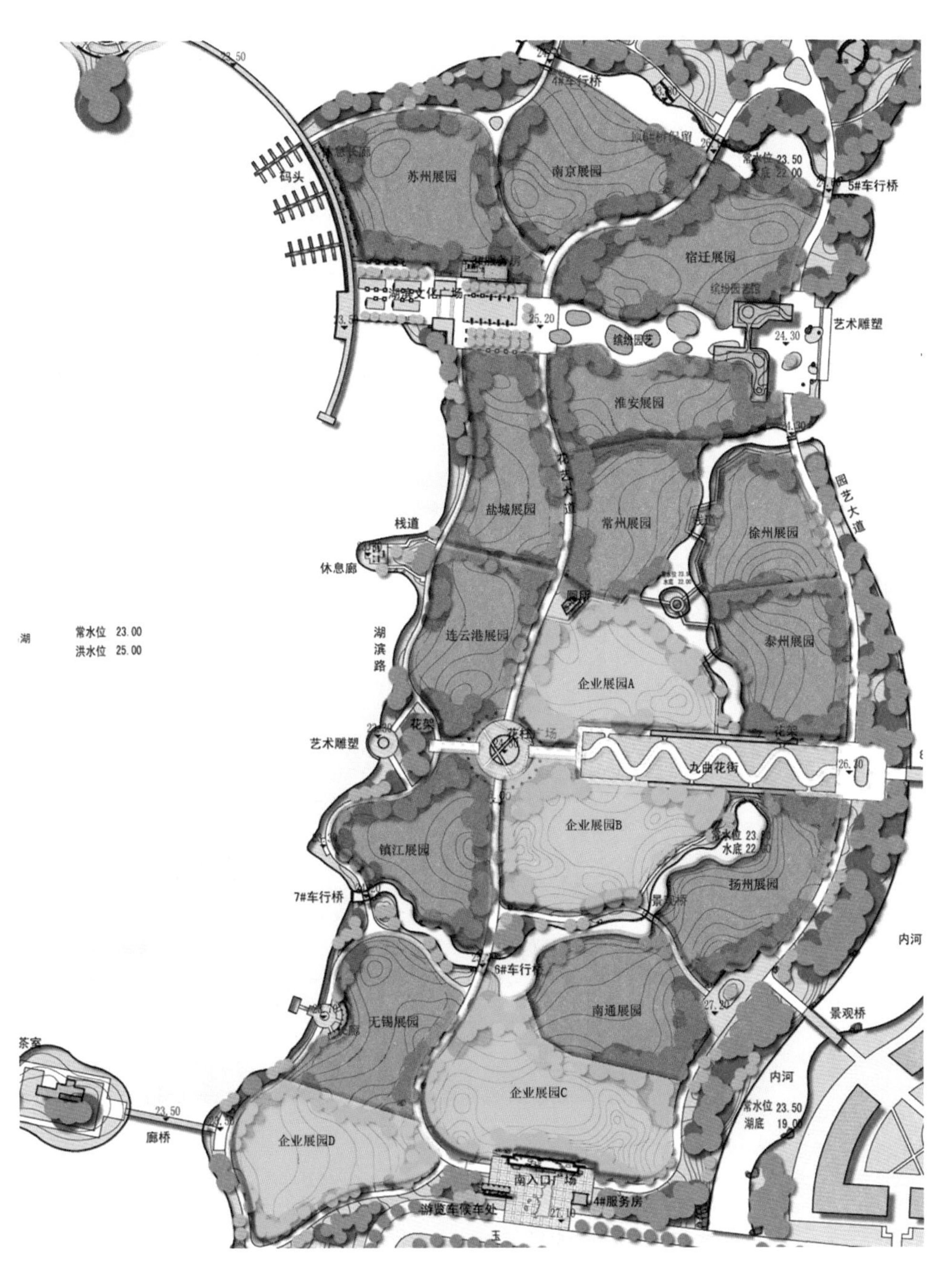

图 2-95　第七届（宿迁）园博会展园布局图

宿迁展园【绿醉酒都】

主要景点通过环行主路和花溪串联，其间设计町步石小径，花溪内部种植水生植物与湿生植物，周边种植各类草花，体现蓬勃生机。花溪下铺设盲管，可收集场地内地表径流输入景观河，成为场地排水的载体，是“开源节流”的一种创意。此外，多彩、互动也是宿迁展园的特色，园中景观多以富有趣味性的树干编钟、酒坛酒鼓等“酒文化”点缀，体现互动性。

图 2-96　宿迁展园（特等奖）

南京展园【古都新航】

由南至北分为六朝区、近代（民国）区、现代区，寓意六朝古都继承了丰厚的历史文化精髓，在新经济发展时期正满帆远航。此外，展园还充分挖掘南京作为金陵古都的历史文化，新金陵十八景展廊以雕刻玻璃的形式展现南京文化景观；微缩中华门可让游客拾级而上、登高望远。

图 2-97　南京展园（特等奖）

无锡展园【异彩留沁】

将垂直绿化与小品有机结合，无土栽培的观赏园艺特色品种以及水培效果，在主体建筑的玻璃展柜中集中展现，显示出园艺离我们的生活越来越近。整个建筑突破无锡以往古典建筑风格，采用生态木料，符合园博会的“生态、节约、休闲、创新”理念，全面展示现代园艺发展成果和绿色科技水平。

图 2-98　无锡展园（一等奖）

图 2-99　徐州展园（特等奖）

图 2-100　常州展园（特等奖）

图 2-101　苏州展园（一等奖）

徐州展园【方寸天堂】

将几何图形作为构图基础，以简单明快的线条把空间分割成大小不一的方块，对景观空间进行分隔与组合。同时，营造不同几何空间的变化，丰富景观层级内容。在文化内涵的表现上，秋风戏马、石映古今、汉舞清风、花海融春、楚音袅袅等每个景点都有一个独特的名称。

常州展园【南田遗韵】

以画、诗、书作为设计元素，通过曲廊、地雕、雕塑等小品进行具体阐述，结合蜿蜒水系共同营造一个鸟语花香、笔墨流芳的画中佳境。展园设计了一幅巨大的“画卷”，分序曲、前奏、主旋律、高潮、尾调五个节奏点，游人在行走过程中，可以欣赏到一幅流动的南田精品画展。

苏州展园【桃坞听枫】

在空间上通过流动的曲线划分出主入口景观空间、次入口景观空间、园艺花卉展示空间、草坪广场活动空间、观湖草坡休闲空间、绿地园艺种植空间等六大景观空间，打造出艺术性的、开放性的、个性化的现代苏州园林。

南通展园【渔风海韵】

以“浪花”为原型，滴落在这片土地上散落成各种路网与景墙的交织，形成“海之花”的平面轮廓，浪花的重心方石雾网的设计别具匠心，异化的渔网用几根柱子和片网限定空间，成为游客遮阴的好去处。

盐城展园【平湖秋月】

突显休闲观赏湖景的意境，在展园中部向西，引骆马湖水，在园内形成湿地景观。“观湖”“观湿地”，不仅体现了盐城的地域文化特色，也营造出独特的观景氛围，创造冥想的空间。近湖低凹处引入湖水形成小型湿地，在绿化丛中穿插折线形景观平台，形成丰富的观景效果。

连云港展园【港之望】

采用现代感的斜线步行道路，把场地分割成不同的视觉空间。南面采用缓坡大草坪手法，在上面设置波浪形坐凳，形成视觉舒畅的空间。中间以不同色彩的花卉和连云港特有的盐蒿、海滩为主色调，同时以个性鲜明的集装箱组成茶室、景观廊道，建立立体的交通和景观系统。

淮安展园【水印花城】

以竖向几何形草坡作为景观载体，辅以水景、花景以及与多棱镜面产生的幻景，形成充满现代风格又体现城市特色、层次丰富又不烦琐的景观效果。主入口处的主景雕塑既像一双大手，又像鸟儿飞翔的翅膀，手中飞出的树和鸟的剪影象征着人和自然和谐相处的梦想。

图 2-102　南通展园（特等奖）

图 2-103　盐城展园（特等奖）

图 2-104　连云港展园（一等奖）

图 2-105　淮安展园（特等奖）

扬州展园【古刻新韵】

展示的是扬州雕版印刷技艺：东入口以雕版特色小品和景观墙为园区标识，形成入口文化广场；沿西侧浅溪设置亲水平台，游客在水边，西可观水，东可观山；顺着山坡拾级而上，到达园区的重点景区，组合式廊亭围合的空间里，地雕小品以及廊架中的墙面雕刻，充分展示了扬州的雕版印刷技艺，游客还可“拓印”进行游览互动。

镇江展园【曲水香洲】

吸取了镇江的文化特色，以杜鹃花为主要构图元素，将园区外骆马湖的水引入园中，园内花蕊式钢管、古琴观景结构、动感滑梯、活水、卵石滩以及香花香化植物，这些元素相互糅合，形成“以花为形、引水入园，以琴为乐、凝香入景”的现代景观。

图 2-106 扬州展园（一等奖）

图 2-107 镇江展园（一等奖）

泰州展园【曲苑浮翠】

以抽象的构图、现代的手法，隐喻地表达了传统的“造园”理念，展园中心抽象的黑白折线形构筑物、变异的地标式构筑物中若隐若现六盆落地盆景，既展示了泰州盆景精湛的剪扎制作技艺，又取得了新颖、别致、不拘一格的景观效果。园内植物采用宿迁乡土植物，植物搭配各具特色。

昆明展园【古今大观】

在中央景观区设置古朴气派的大观楼，四周环绕芙蓉与水，整个展园的构思以昆明故事为背景，以大观楼及其长联为主线，通过形体、体量、色彩、材质来渲染氛围，铺装、墙面、植被均做了独具特色的处理，将昆明的柔情与浪漫展现得淋漓尽致，达到春城无处不飞花，春风先到彩云南的效果。

图 2-108　泰州展园（一等奖）

图 2-109　昆明展园（一等奖）

图 2-110 设计师展园（特等奖）

设计师展园【印象骆马湖】

以“印象骆马湖”为主题，通过多样景观语汇及本土材料、本土植物的运用，营造一个让人从视觉、听觉、嗅觉等多角度感知骆马湖的场所，对骆马湖形成立体、生动、全方位的印象，从而引起人们对骆马湖的关注和对人与自然和谐共生的深层思考。

3. 场馆建设

本届园博会主场馆位于主入口服务区，采取化整为零的策略，将主场馆及旅客服务中心拆解为几个大小不同的体量，弱化建筑给景观带来的压力，使建筑与景观真正渗透融为一体。主场馆是园博会主要的展览区域，三个建筑体量相对独立又相互连接，为展览布展提供了极大的便利和可能性。

图 2-111 入口展示区主场馆

图 2-112　国际友好城市法国展园

图 2-113　骆马湖水天一色的自然风光

（三）特色亮点

1. 开放办会、开放建园

本届园博会博览园的展园除省内 13 个省辖市之外，还增加了设计师展园，特邀了省外知名园林企业森禾，国内友好城市昆明、绵竹等，还有江苏的友好省区法国阿尔萨斯大区共同参展。共计 18 个展园，为历届之最。通过开放式办会，扩大了江苏省园博会的影响力和知名度。博览园周边沿骆马湖还建有罗曼园、水生植物园、游艇区、沙滩运动区、欢乐岛、酒吧街区等六处景区景点及旅游设施。

2. 充分挖掘湖滨特色

紧紧依托骆马湖，做足水文章，以湖泊湿地为主线，把造园艺术与沿湖自然景观结合起来，彰显大气、开敞的北方园林风格，以丰富的水生、湿生和沼生植物，营造出生机盎然的特有湿地景观。博览园整体规划沿湖而建，贴湖而行，形成水绕园走、人沿水行的亲水格局，游客在观赏精品园艺的同时，浩瀚的骆马湖也尽收眼底，享受无尽的水天一色。在园中建设湖滨浴场，聚集人气，彰显滨湖特色。

3. 完善后续配套利用

本届博览园规划设计与湖滨新城总体规划相衔接，与现有的罗曼园、鲜切花基地、薰衣草基地、嶂山森林公园等园林绿化景点相协调，形成有机统一、相互呼应的整体，打造以博览园为核心的滨湖旅游度假休闲区。全面考虑观光休闲、购物消费、探险游戏、科普教育等多种功能，综合场馆设施的展后利用、二次开发，科学合理定位各单体建筑功能。

（四）社会影响

园博会开幕期间共接待游客 110 万人次，其中外地游客达到近 25 万人次。对宿迁市的旅游、餐饮、房地产、城市建设、城市影响力及关注度等都将产生深远的影响。

园博会闭幕后，博览园更名为湖滨公园，并利用原有主展馆等设施，改造建设了湖滨浴场、嬉戏谷动漫王国等项目，充分发挥博览园良好的自然景观条件，把湖滨公园打造成风景秀丽、虚实结合、古今荟萃、中外融合的度假休闲式主题公园，成为宿迁城市的新名片。

八、第八届江苏省（镇江）园艺博览会

（一）园博概况

第八届江苏省（镇江）园艺博览会主题为“水韵 · 芳洲 · 新园林——让园林艺术扮靓生活”，会期从 2013 年 9 月 27 日至 10 月 27 日。

本届园博会博览园选址在镇江扬中经济开发区，园区占地面积约 61.2 公顷，主要承担园博会开幕式、闭幕式、造园艺术展、园林园艺专题展览及园事花事活动，特色活动有农民艺术节、集体婚礼、麦田志愿者公益活动、长三角网络联盟及微博达人团“微游园博”活动、园博会“企业日”活动等。

图 2-114　第八届（镇江）园博会博览园总平面

(二)园区建设

博览园采用现代造园手法，充分挖掘滨江文化，运用生态、节能、环保等绿色科技，呈现“江伴园、园融水、水蕴绿”的空间布局特色，营造生态型、节约型城市园林与湿地景观，努力建成示范性、先进性、观赏性相结合，具有鲜明地域特色的滨江生态湿地公园。

1. 总体布局

博览园总体布局为“一核、一脉、一轴、四区”，即：山水景观核、环型湿地水脉、特色景观轴和入口展示区、中心展示区、湿地展示区、滨江展示区等四个片区。

入口展示区：室外以园艺花卉和庭院绿化展示为特色，打造绚烂缤纷的入口景观。室内展示以园艺与生活为特色，承担园博会各项园事花事活动。

中心展示区：以山水景观核为中心，结合地形变化，营造简洁大气的疏林草坡景观及空中花园景观特色。

湿地展示区：利用现状，整理地形，形成良好湿地生境和坡地景观。

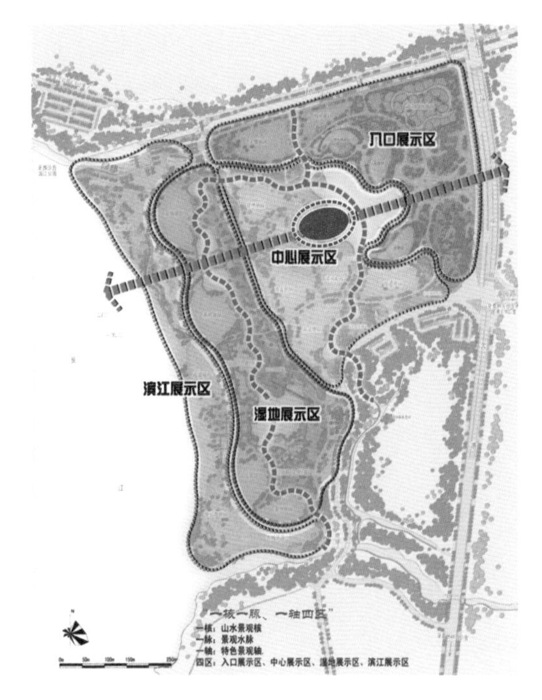

图 2-115　第八届（镇江）园博会博览园结构

滨江展示区：以扬中地域文化为内涵，充分利用现状水系和芦苇湿地资源，打造极具野趣和神秘感的生态湿地，形成具有魅力的开敞型滨江风光带。

图 2-116　第八届（镇江）园博会博览园鸟瞰

2. 展园建设

本届园博会博览园共设 19 个各具特色的展园，分为省内城市展园、国际国内友好城市展园、设计师和企业展园。其中集中在湿地展示区、滨江展示区建设的展园是本届展园建设探索的重点。

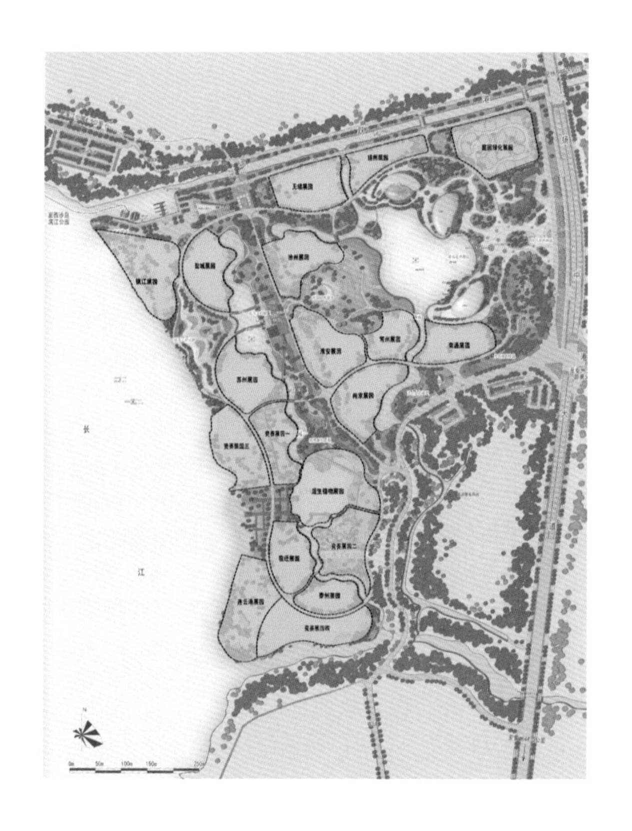

图 2-117　第八届（镇江）园博会展园布局

表 2-9　第八届（镇江）园博会展园一览表

展园序号	展园名称	展园规模（公顷）	展园主题
1	扬州展园（设计师展园）	1.1	萍踪绿影
2	南京展园	1.2	汲雨嬉花
3	无锡展园	1.3	沙韵绿洲
4	徐州展园	1.2	潺水叠绿
5	常州展园	0.8	探索者与水文化
6	苏州展园	1.8	吴韵渔歌
7	南通展园	1.0	悠活南通
8	连云港展园	1.5	海天传奇
9	淮安展园	1.4	花漾田园
10	盐城展园	1.5	曲水漫香
11	扬州展园	0.8	多彩芳庭
12	镇江展园	1.5	渚堤颂歌
13	泰州展园	0.8	舟浪之歌
14	宿迁展园	1.0	楚风蓝韵
15	丹阳展园（设计师展园）	1.2	江风渔火
16	句容展园（设计师展园）	1.4	五山一水四分田
17	企业展园（设计师展园）	1.0	“森林”与“花谷”
18	庭院绿化展园	–	–
19	湿生植物展园	–	–

扬中展园【萍踪绿影】

以白居易诗《池上》所表达的闲适意境为创作线索，通过抽象几何形图案，提炼“萍”“踪”“绿”“影”景观要素，谱写出浮萍点点、鸟语花香，交织斑驳、色彩明媚的动人画卷。场地多用圆和曲线，借用扬中传统竹柳编制技艺造景，采用框景、借景等造园手法，在有限的空间中营造出无限的诗情画意。

南京展园【汲雨嬉花】

追寻水韵秦淮的历史印迹，得“沙上人”围沙造田之启示，依展园临水坡地之形态，以朱雀桥、墨榭、景墙、叠水等造园要素，营造自然缀花草坪、台地绿坡和流水花溪特色景观，吸引人们嬉游花丛。巧借台地落差，运用景观手法暗设雨水收集系统，实现水资源再利用。

无锡展园【沙韵绿洲】

采用健康养生类植物组合花境的造景形式，围绕“园艺与健康”主题，精心打造沙漠绿洲、旋律廊架、自然湿地等景观，表达人们对美好生活的向往与追求。营造芳香四溢展园环境的同时，展示不同植物的自然特点与健康疗效，让人们在与园艺的互动中体验乐趣、陶冶身心、增长知识。

徐州展园【潺水叠绿】

通过水系之“源”和叠水景观的营造，结合扬中水文化与徐州的“云气”山川文化，提炼山水意境，展现精华元素，打造全新坡地园林景观。园内分入口广场区、叠水景观区、植物景观区等三个区域，布置有迎韵广场、曲水广场、潺水叠绿、血映红日、旋律之窗等多个景点。

图 2-118　扬中展园（二等奖）

图 2-119　南京展园（一等奖）

图 2-120　无锡展园（特等奖）

图 2-121　徐州展园（一等奖）

常州展园【探索者与水文化】

以景墙为载体，利用地形营造现代时尚的台地草坡，结合铺装、绿地、小品等元素表达探索者的精神，将探索者的心路历程融入丰富的竖向变化之中。全园由三个不同层次的景观空间构成，形成融互动参与性、叙事性和教育性为一体的现代展园。

图 2-122　常州展园（二等奖）

苏州展园【吴韵渔歌】

探索符合场地特点的景观表达形式，通过乌篷船、茅草棚、荷花、芦苇等独具姑苏人家场所记忆的景观元素，表达吴韵水乡意境。流线型飘带蜿蜒切过圆形景观图案，融入水乡、人家等要素，创造出富有自然野趣的生态湿地，展示了苏州人家“水”的美好情怀。

图 2-123　苏州展园（一等奖）

南通展园【悠活南通】

以表达都市慢生活为造园理念，通过架空廊道、花海健跑环道、芳香保健园等方式，体现运动、休闲、养生的主题。应用芳香类园艺新品种、植物绿雕，诠释活力、自然、生态等乐享悠活概念，让人们在现代都市中感受阳光、空气、雨露的芳泽，领略水声、风声、鸟声的大地交响。

图 2-124　南通展园（特等奖）

连云港展园【海天传奇】

以“传奇连云港、梦幻海滨城”为主题，分海洋风情、海天一线两个展区，景观塔“海天阁”一览全园。贝壳墙、白沙滩、渔船、渔网、礁石和海洋动物图案铺装共同描绘一幅海洋风情；海天一线展区则以集装箱、船形平台、花带、镜面、缓坡草坪等景观，展现出美丽的海滨景色。

淮安展园【花漾田园】

以富有生态原貌的“田畦”为全园构图肌理，以花田、梯田式丘陵、自衍花卉等元素营造田园风光。全园采用流线型布局，可为游人提供多视角观赏点，中心为下沉式景观空间，弧形彩色广场与花畦相互交叠，红色蝴蝶亭成为景观焦点，灵动纷飞的蝴蝶雕塑更为花田增添一份动感。

盐城展园【曲水漫香】

以展示自然界自雨水、河流、湿地到入海的水循环为主线，通过充满节奏感的湿地景观序列，向人们演示水的生物净化原理，一系列景观节点贯穿于从自然降水到净化入湖的全过程，花海、水草、丛林融入波光粼粼的湿地中，演绎出一曲人与自然和谐共处的生命乐章。

图 2-125　连云港展园（一等奖）

图 2-126　淮安展园（特等奖）

图 2-127　盐城展园（特等奖）

扬州展园【多彩芳庭】

因地制宜，巧妙运用组景、障景等造景手法，以彩色透水艺术地面、椭圆花坛、传统叠石、色叶花木、花语秋千、立体景墙等为造园要素，将传统园林技艺和现代园艺手法有机结合，通过芳庭入口、多彩庭院、芬芳步道、滨水湿地等景观空间，营造出多彩缤纷、满园芬芳的新园林风貌。

镇江展园【渚堤颂歌】

以“扬子江的交响”为乐章，构筑了从滩洲渐形、筑堤成岛、江洲文明至港口时代的空间序列，以石笼景墙、主题雕塑、装饰板画、花草树木为景观元素，借景长江、沙洲、泰州大桥、河豚观光塔等，展现了扬中“江堤文化”特色，层层推进，引人入胜，讴歌了滨江城市时代变迁的风貌。

泰州展园【舟浪之歌】

以既有地形为蓝本，在湿地中营造出不同生境的林地、坡地、岛屿，播植大面积多年生花卉，探索新时期湿地造景的新手法。主入口处设置船形平台，讲述泰州作为新中国海军诞生地的历史；景墙上精刻古诗四首，呼应“水清绿透、文昌城秀”的泰州古城形象。

宿迁展园【楚风蓝韵】

以“浪与舟的歌谣”为创作主题，融入宿迁酒都花乡、大湖湿地的地域文化，通过营造入口假山叠水、跌落的溪流、不同形态的花岛、“第一江山春好处”景石、休闲亭廊等景点，游人流连于曲折的木栈道之上，欣赏季相丰富的湿地花岛生态景观。

图 2-128　扬州展园（二等奖）

图 2-129　镇江展园（特等奖）

图 2-130　泰州展园（一等奖）

图 2-131　宿迁展园（一等奖）

丹阳展园【江风渔火】

在交织的地形上营造石滩芦苇及滨江立体花境景观，空中栈道穿过江边芦苇“飘”向江面。瓷板画浮雕景墙、错落交织的渔网渔篓，在灯光映衬下演绎“风之渔火”的意境。跌宕起伏的挡土墙、季相丰富的植物群落、五线谱般的花带，演奏出一曲“江之交响”的乐章。

3. 场馆建设

本届园博会主体建筑包括主展馆、副展馆、滨水休闲馆、湿地馆、中国河豚岛观光塔在内的五座集地域文化特色与先进科技于一体的建筑。

主、副展馆位于入口展示区，建筑设计体现扬中“绿岛”“水鸟”的地域文化特征，提供园艺展览展示、会议接待、珍稀物种收藏，休闲游憩及诸多后续休闲利用的功能。展馆采用生态环保技术，打造先进低碳示范区和清洁能源应用示范馆。

（三）特色亮点

秉承绿色、低碳、生态、环保的总体定位，突出水上园博、湿地园博、立体园博的景观特征，在整体建设理念、内容与模式方面进行了众多探索。

1. 生态造园新实践

利用滨江傍水——积极探索湿地生态园林景观建设的新理念、新模式。园区依托滨水临江优势，保留江堤外江滩原生湿地并生态化、景观化两道江堤，将功能与生态景观有机结合，实现园水辉映、园水共融、园水共生。通过丰富多彩的园林文化、园艺花卉展示，营造“水韵园博”视觉空间，引导和激发全社会对和谐人居环境的关注与追求。

图 2-132　丹阳展园（特等奖）

图 2-134　湿地生态型岸线处理与湿地浮岛景观

图 2-133　以“水鸟”为设计灵感的主副展馆

2. 展呈内容新探索

三项展呈活动第一次进入园博会。一是湿生植物展，首次集中展示湿生植物新品种，探索湿地生态景观建设新模式；二是庭院绿化展，力求以多元开放的设计，建设样板庭院，让园林园艺贴近群众生活，使园林艺术成为服务大众的公共艺术；三是室内园艺花卉展。

3. 文化科技新融合

主副场馆及滨水休闲馆以扬中特产“河豚鱼”为构思，形成富有动感和地域特色的建筑景观。主副场馆运用“定型模板”“多曲面幕墙”“钢结构加工”三项新技术，突出自然、生态、内外景观交融的设计理念，打造先进的低碳示范馆和清洁能源应用示范馆，是历届省园博会中首个申报“鲁班奖”的主体建筑。

博览园建设基于扬中地域文化的十大主题景观，包括“沙与水的神话”“沙与洲的传说”“沙上人的典故”“浪与舟的歌谣”“拓荒者的剪影”“探索者的素描”“血与火的辞章”“夜与昼的舞蹈”“花园城的旋律”“扬子江的交响”。此外，空中花园、百花广场、滨江广场、空中观景廊、大型水秀桥均是园区的亮点。

图 2-135　湿生植物展园

图 2-136　充满地域文化特色的主展馆建筑

图 2-137　主入口“沙与水的神话”

4. 展园建设新模式

自2000年以来，在南京、徐州、常州、淮安、南通、泰州和宿迁分别成功举办七届江苏省园艺博览会之后，本届园艺博览会博览园在城市展园基础上，首次加入县级市展园和设计师展园竞赛机制，县级市展园亦为设计师竞赛展园，由组委会在全省征集优秀设计方案，交由县级市实施。新的建设模式对促进全省各地园林绿化行业水平的提升具有重要意义。

（四）社会影响

本届园艺博览会展会期间，主会场共接待游客160万人次，创下历届新高。借由本届园博会博览园的建设，先后顺利开展了园区周边的道路改造工程、村庄环境整治工程等一系列惠民工程。闭幕后，为城市留下了一座大型、永久的4A级旅游景区，真正体现办会为民、还节于民、共建共享的办会宗旨。

同时通过样本庭院的多元设计与示范建设，丰富多彩的园林文化、园艺花卉展示，使园林艺术进一步贴近群众生活，走进百姓家庭。

图2-138 “沙与洲的传说”景观雕塑

图2-139 丹阳展园（设计师展园）

九、第九届江苏省（苏州）园艺博览会

（一）园博概况

第九届江苏省（苏州）园艺博览会主题为 “水墨江南 · 园林生活”，会期从 2016 年 4 月 18 日至 5 月 18 日。

本届园博会博览园选址在最具江南文化典型特征的苏州吴中区临湖镇，园区占地面积约 110 公顷，主要承担园博会开幕式、闭幕式及各项园事花事活动，包括“交流与发展”园林园艺论坛活动、 “园林与园艺”专题展示活动以及“园艺与生活”互动体验活动等。

（二）园区建设

博览园紧扣主题，在充分尊重基地条件和自然资源的基础上，彰显吴地文化和江南水乡特色，融合“郊野博览公园、太湖山水田园、乡村生活家园”三大理念，营造一处地域性、文化性、典型性和时代性特征显著的，具有显著效应的郊野型公园，并展示太湖生态修复成果和美丽风光。

1. 总体布局

全园采用现代造园手法，充分挖掘太湖文化、吴地文化，倡导运用生态、节能、环保等绿色科技，营造生态型、海绵技术应用示范园与滨湖景区，以建设示范性、先进性、观赏性相结合，呈现“园水相生、水绿相融”的空间布局特点，打造“整体郊野大景观，局部雕琢巧园林”，形成 “一核、两脉、四片区”的空间结构。

一核：博览园室外核心展区与中心景观湖；

两脉：博览园陆上游览主线“墨线”，水上游览主线“水脉”；

四片区： “印象江南”“诗画田园”“写意园林”和“情自太湖”四大功能和景观片区。

“印象江南”片区：以流动、自然的空间和现代、简约手法，结合吴地文化符号及山水印象，打造园区具有鲜明地域特色和时代特征的主入口形象。

图 2-140　第九届（苏州）园博会博览园总平面

图 2-141　第九届（苏州）园博会博览园布局结构

图 2-142 “诗画田园”片区花田鸟瞰

图 2-143 “诗画田园”片区村庄鸟瞰

图 2-144 “写意园林”片区鸟瞰

图 2-145 “情自太湖”片区菱湖渚鸟瞰

“诗画田园”片区

以保留柳舍村作为背景，外围结合现状地形，以大面积田园地景为特色，营造富有诗意的乡村与田园相互融合的自然景观画面。

“写意园林”片区

利用原有低洼湿地、鱼塘，沟通水系，整理地形，形成良好的湿地生境和坡地景观，结合城市展园、友城园、企业园、盆景园以及主题馆等配套功能的设置，打造“新江南”风格室外展园片区。

“情自太湖”片区

保留太湖原生湿地岸线，充分利用既有滨湖岸线和苇荡湿地资源丰富的优势，结合湿地净化展示、环太湖绿道建设和湿地生境的精心营造，招引大量的珍禽鸟类，辅以适量的湿地栈道和观鸟设施，打造最具原始野趣和神秘感的滨湖生态湿地。

2. 展园建设

本届园艺博览会博览园共设省内城市展园、国际国内友好城市展园、企业展园 19 个，同时布置假山园、盆景园以及三大体验互动展区，分别是菱湖渚湿地展区、田园地景展区和家庭园艺展区。

表 2-10　第九届（苏州）园博会展园一览表

展园序号	展园名称	展园规模（公顷）	展园主题
1	苏州展园	2.2	小筑春深
2	南京展园	0.4	湖甸烟雨
3	无锡展园	0.5	村口乡忆
4	徐州展园	0.4	乡土清风
5	常州展园	0.4	流云山色
6	南通展园	0.5	林境诗语
7	连云港展园	0.5	水乡人家
8	淮安展园	0.6	平湖秋忆
9	盐城展园	0.4	月湖乡韵
10	扬州展园	0.6	归园田居
11	镇江展园	0.4	咫尺山林
12	泰州展园	0.4	聆水清居
13	宿迁展园	0.4	乡野田趣
14	假山展园	–	–
15	盆景展园	–	–
16	企业展园	–	日晷园
17	企业展园	–	现代木结构园
18	友城展园	0.5	加拿大维多利亚
19	友城展园	0.5	意大利威尼斯

图 2-146　第九届（苏州）园博会展园布局

苏州展园【小筑春深】

继承苏州古典园林的造园思想与造景手法，运用现代造园技艺，融入地域特色，并注重生态、节约和创新相结合，着力表现苏州古典园林“咫尺之内再造乾坤”的神韵。

南京展园【湖甸烟雨】

营造水乡氛围，近景清新亮丽，远景质朴朦胧。再现自然乡野的山水风貌，并融入江南人文逸趣，形成独具特色的湖甸烟雨景观。

无锡展园【村口乡忆】

提取自然农田肌理，结合草垛形式的展示和体验农事之乐的景观小品，鸢尾生姿，水车轱辘，推开院门便是乡村记忆。

徐州展园【乡土清风】

通过一系列生境的营造，让游人感受清风徐来的乡土气息，集中探寻城镇化建设中缺失的“乡情”记忆。

图 2–147　苏州展园（特等奖）

图 2–148　南京展园（二等奖）

图 2–149　无锡展园（一等奖）

图 2–150　徐州展园（一等奖）

常州展园【流云山色】

以“山居”为基本素材，再现山水画中对于云雾以及山林的表达，打造立体、生态的“流云山色”新江南山水。

南通展园【林境诗语】

表现“乡情”记忆中乡村的外围景观特征。通过穿梭于林间、闲话桑麻，重拾家乡林间道路的乐趣。

连云港展园【水乡人家】

以花田为轴，分布三景，犹如漫步花海云端，通过提取连云港临海景观元素，设置渔网通道，营造出渔樵之乐的氛围。

淮安展园【平湖秋忆】

将水榭、栈桥结合水生植物来体现秋的意境，利用园内的高差，设计两处跌水景观，映衬淮安作为水乡城市的特色。

图 2-151　常州展园（一等奖）

图 2-152　南通展园（特等奖）

图 2-153　连云港展园（一等奖）

图 2-154　淮安展园（一等奖）

盐城展园【月湖乡韵】

引入“海绵城市绿地”设计理念，结合弯月形水体特征，表现乡野湿地的韵味和乡土气息，利用风能、水能等环保技术，让展园像海绵一样充满弹性。

扬州展园【归园田居】

采用现代设计语言将竹林与建筑进行艺术再造，以竹为基，以墙为址，竹环墙抱，绿意袅袅，扬州的历史人文在方寸间便成风景。

镇江展园【咫尺山林】

以湖熟文化和“华山畿”表现记忆中的山居景观。运用现代造园手法、材料语言重构“偷得浮生半日闲”的乐趣。

泰州展园【聆水清居】

设计沿承朴实素洁的泰州传统民居形式，以水为肌理，展现流水潺潺的动态之美，意在表现临水而居的清净环境特征。

图 2-155　盐城展园（特等奖）
图 2-156　扬州展园（二等奖）
图 2-157　镇江展园（二等奖）
图 2-158　泰州展园（一等奖）

宿迁展园【乡野田趣】

从对柳舍原村落的“遥望”开始，至对中央片区的“守望”，以及对展园本身的“回望”收尾，让游人在对柳舍村的“三望”中感受浓厚的乡村田园文化。

日晷园

景观设计在软质景观材料应用方面，注重乡土地被与乔木应用；在硬质材料应用方面，以乡土性材料铺地、道路为主，适当结合现代材料构筑物、小品，让人体会到时间感。

国外友好城市展园

引入代表西方经典“水城文化”的意大利威尼斯和加拿大维多利亚两个国际友好城市展园，将深厚的古吴文化与浪漫的西方文化完美呈现。

图 2-159　宿迁展园（二等奖）
图 2-160　日晷园
图 2-161　维多利亚展园
图 2-162　威尼斯展园

图 2-163　盆景展园

盆景展园

意在借助传承古典园林的经典造园手法，结合现代设计语言，通过绿植、建筑、假山、水池、花卉等元素与盆景的巧妙配合，营造一个以盆景展示及文化传承为主题的精致游园。

假山展园

以“石林小苑”为主题，汲取苏州园林中经典的假山营造精髓，以太湖石和黄石为主要元素，精心布局幽谷探奇、屏山听瀑、石林赏秋、曲涧逐溪、石窦收云、石矶观鱼、云岗霁雪、疏影揽月等八大赏景点，并通过丰富的变化形式和独到的技艺展示，打造出“山脉”“水脉”两条相辅相成的文化景观脉络。

地景田园

以保留柳舍村作为背景，建设大面积的田园地景，主要展示大地景观花海、生态有机农田及绿色科技果园三部分内容。通过现代大地景观艺术的表现，结合乡村郊野悠闲的体验，营造出如诗如画的江南水乡田园盛景。

图 2-164　假山展园

图 2-165　地景田园

生活园艺园

为更好地体现第九届江苏省园博会亲近自然、倡导绿色，努力提升人居环境质量的办会宗旨，为千家万户普通阳台设计一批绿色园艺阳台样本，让园艺走进生活圆百姓“园林梦”，园博会推出了“空中梦想家”阳台改造活动。

图 2-166 生活园艺展园（阳台绿化）

3. 场馆建设

本届园博会主体建筑包括主展馆、苏州非物质文化遗产展馆（副展馆）、综合服务中心、太湖水保护展馆、多肉植物馆、巧克力花艺中心、游客中心等配套服务建筑在内的各具特色的建筑展馆。

主展馆位于 “情自太湖”片区，天然隐匿于菱湖渚生态湿地之中。展馆融入江南传统韵味与现代建筑元素，设计风格秉承传统中式“宅园合一”的理念，打造“新苏式园林”建筑。园博会主展馆集中展出全省 13 个城市插花、花卉花艺等作品。

主展馆在会后转变为艺术酒店，这是首次在规划设计之初考虑展馆建筑在会展结束后的后续利用。

图 2-167 主展馆鸟瞰

（三）特色亮点

1. 展园布局新模式

本届园博会博览园展园布局打破传统会展模式，从办园、造园、展示、游览等方面进行拓展与创新。

在展园设计导则的统一引导下，各城市选择适合自身条件且有表现能力的主题展园参与建设，充分展现参展作品的技艺水平，在展园与公共空间关系处理上，首次尝试以景观框架组织展园，并提出织补空间概念，强调通过互为因借、相互织补的构建关系，形成全园整体协调的景观风貌。

2. 田园乡村的保留与利用

首次将自然形态的村落全部保留，作为空间要素参与博览园营建，并布置为“诗画田园”独立展区。在尊重现状的基础上，对乡村田园背景和景观基础设施（大堤、河渠、防护林）进行保护与提升，建设江南风格浓郁的美丽乡村，将田园风光融入园林园艺中，生动展示江南独有的田园风貌。保留的村庄、农田、林地、湿地等用地在既保证园博会基本功能需求的同时，又充分考虑后续利用。

图 2-168　柳舍村乡村庭院（家庭园艺展区）

在会展期间，保留的柳舍村通过整治与规划，成为布置有乡村庭院展示和花圃地景田园等专题展示的特色片区，这也是园博会首次将庭院绿化作品展植入当地居民生活空间的一次创新尝试。

图 2-169　将原有村庄进行改造融合进整体风貌中

图 2-170　将原有柳舍村进行改造融入博览园

3. 海绵型公园的建设

秉持自然积存、自然渗透、自然净化的“海绵城市”理念，结合生态绿沟、雨水花园、集雨型绿地的设计，将雨水收集、管理等一系列循环利用措施，将海绵城市的各项技术应用在全园范围内。首次系统全面地研究全园汇水竖向关系，统筹“海绵”理念落实，积极探索与尝试生态园林技术应用。

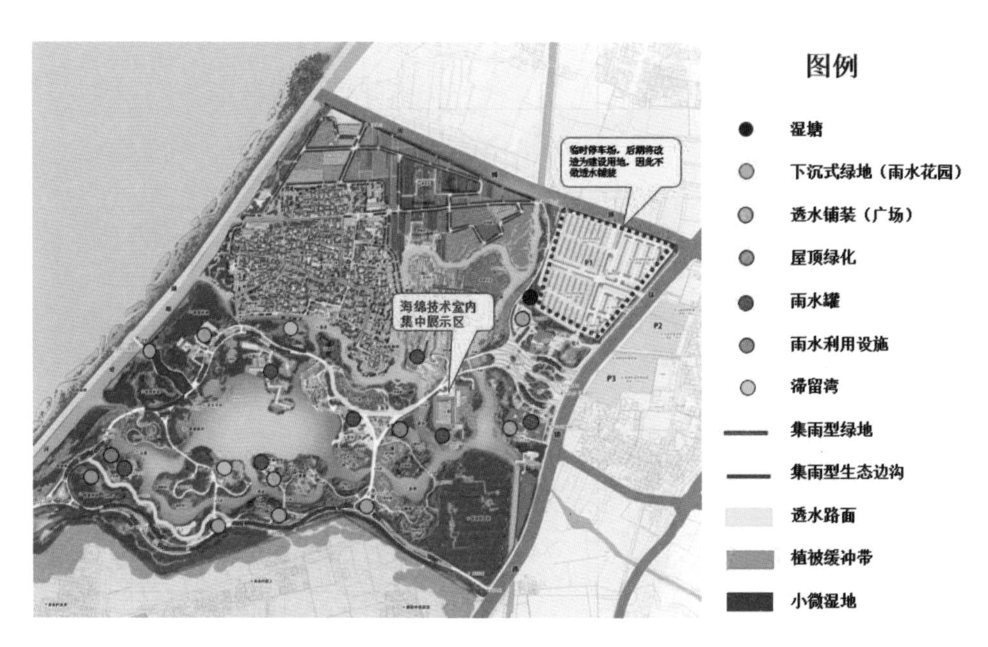

图 2-171　海绵设施布置图

图 2-172　公共区域中的植被缓冲带

图 2-173　盐城展园中的雨水花园

针对江南水网地区绿地建设的雨水自然渗、蓄、净、排，提供了示范样本、生态技术、园林呈现。在充分利用现状自然地形的基础上，进行局部改造，在小区域范围内通过地形的起伏实现洼地和高地的结合，因地制宜布置生态排水沟、渗透铺装、下沉式绿地、湿地等海绵技术，以取代传统的地下雨水排水管道，充分发挥场地对雨水的吸纳、蓄渗和缓释作用，削减径流污染，有效利用场地雨水资源，恢复自然水文循环，改善生态环境。

图 2-174　小微湿地

图 2-175　道路中间下沉式绿地

图 2-176　生态透水型铺装

(四)社会影响

本届园博会展会期间，主会场共接待游客 136 万人次，园博会五条专线运送游客 33 万人次。借由本届园博会博览园的建设，大大带动临湖镇周边旅游经济的增长，提高居民生活幸福感。随着后园博时代的到来，在后续利用方面，一系列成熟的旅游配套产品包括园艺疗养产业社区、庭院式分时度假酒店、乡村社区商业中心等应运而生，丰富本地居民生活的同时吸引来自省内外的游客。通过园博会博览园的建设，续写了苏州园林艺术的“文脉”，太湖园博名片也因此越来越亮。

本届园博会意在走进“天堂”苏州，在江南太湖之滨开启一段全新的水乡园林寻梦之旅，缔造一个回归美好家园和向往美好未来的园林梦。探讨“新江南”风格，开启古典园林传承与创新的新篇章，对风景园林行业的发展进步影响深远。

十、第十届江苏省（扬州）园艺博览会

（一）园博概况

第十届江苏省(扬州)园艺博览会主题为“特色江苏·美好生活”，会期从2018年9月28日至10月28日。

本届园博会博览园选址在扬州市枣林湾生态园（省级旅游度假区）核心区，园区占地面积约120公顷，主要承担园博会开幕式、闭幕式、园林园艺专题展览，包括造园艺术展（包括城市展园、江苏地景园），“百变空间、花样生活”展，插花、盆景、赏石精品展，花卉花艺展，菊花、立体绿化专题展；“继承与发展”科技论坛，包括《园冶》造园技艺传承、郊野公园创新建设、省域城乡特色空间塑造；宁镇扬花卉节，包括园林园艺大讲堂、家居和庭院园艺展示、园林园艺科技成果与产品展览展销。

（二）园区建设

博览园紧紧围绕展会主题，集中展示当代园林园艺发展最新成果，体现园林对扮美城市空间、丰富百姓生活的积极意义，打造融示范性、文化性、参与性于一体的区域郊野公园。

1. 总体布局

博览园总体布局为一心（百花广场）、一廊（山水景观廊）、两带(湿地生态带、滨水景观带)、五区（入口展示区、园艺博览区、滨湖休闲区、林荫活动区和台地游赏区）。

一心（百花广场）：以现状村落为依托，以园区西侧台地田园景观为背景，结合美丽乡村建设、乡村庭院绿化和非遗文化展示，打造建筑特色鲜明、园艺氛围浓厚、功能丰富多样的“新扬派”民居聚落。

一廊（山水景观廊）：通过地形整理、水系构联和景点打造，规划由空中廊桥、水上栈桥和林荫游步道组成的景观廊，串联入口区、展园区、百花广场、台地花园及公共景观节点，形成山水相依、水绿相融的景观序列，表现省域特色地景和典型景观风貌，为游客提供多维游览体验。

两带（湿地生态带、滨水景观带）：湿地

图2-177　第十届（扬州）园博会博览园总平面

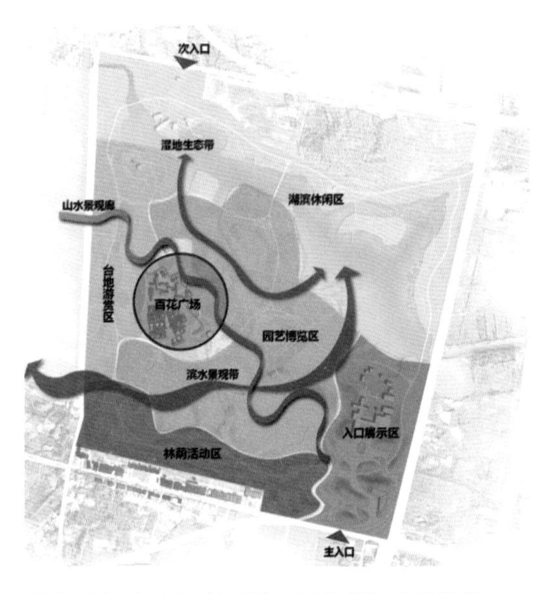

图2-178　第十届（扬州）园博会博览园规划结构

生态带——在保留基地现有原生湿地岸线基础上，通过梳理滨水岸线，营造湿地生境。滨水景观带——梳理并改造现有鱼塘洼地、灌溉水渠，打造富有省域空间特色的滨水空间。

五区（入口展示区、园艺博览区、滨湖休闲区、林荫活动区、台地游赏区）

入口展示区：位于园区东南角，由南出入口广场、游客服务中心和主展馆组成。充分利用低山丘陵地貌特征，以流动、自然的空间形态和现代、简约的设计手法，打造特色鲜明的主出入口形象。

园艺博览区：位于园区中部，由 13 个城市展园和园冶园组成，是全园的核心展区。依据省域特色风貌及整体空间格局，利用原有低洼鱼塘和沟渠，沟通水系，整理地形，营造江苏特色地景；依据江苏省文化圈层和典型景观风貌片特点，引导各城市展园、园冶园深入挖掘场地潜力和文化内涵，表现江苏特色地景，营造百变展园空间。

滨湖休闲区：位于园区北部，利用并修复现状云鹭湿地，提升景观，完善休闲功能，形成滨水生态游览区。保留云鹭湖原生湿地岸线，结合湿地植物展示、环湖步道建设和湿地生境的精心营造，设置湿地栈道、观景设施及滨水码头，提供游憩、休闲功能，丰富游赏体验。

图 2-179　第十届（扬州）园博会博览园鸟瞰（建设中）

林荫活动区：位于园区与南侧枣林渔村和县道的缓冲区域。通过对场地现有地形的梳理、绿化种植和林相改造，形成环境优美的林下活动场所和林荫休憩空间，同时利用地形设置观景台，提供观景功能。

台地游赏区：利用水库与园区的地形高差，打造特色台地花园和菊花专类园，弱化大堤与园区内部高差关系；同时利用各类造园元素，营造互动性强的主题展园。

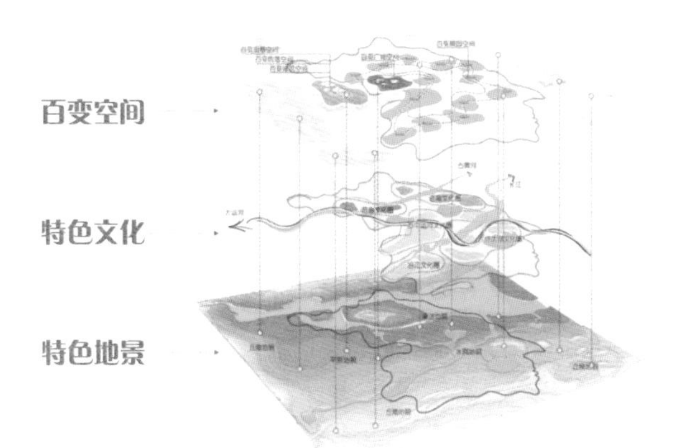

图 2-180 “百变空间、花样生活”的空间营造

2. 展园建设

基于用地现状及博览园空间结构，根据江苏特色地景和地域文化特征进行展园划分，本届园博会博览园共规划建设 14 个展园，其中城市展园 13 个，专题展园（园冶园）1个。

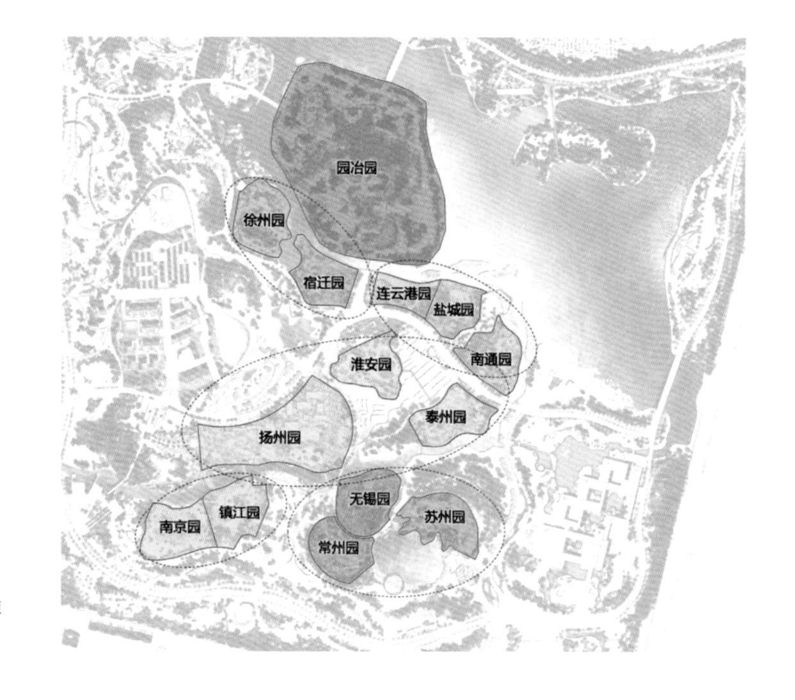

图 2-181 第十届（扬州）园博会展园布局

表 2-11 第十届（扬州）园博会展园一览表

展园序号	展园名称	展园规模（公顷）	展园主题
1	扬州展园	2.0	月桥广陵
2	南京展园	0.8	石头城记
3	无锡展园	0.8	太湖人家
4	徐州展园	0.8	水韵汉风
5	常州展园	0.7	田园诗歌
6	苏州展园	0.7	吴韵桂香
7	南通展园	0.7	江风海韵
8	连云港展园	0.4	山海胜景
9	淮安展园	0.7	碧水芳洲
10	盐城展园	0.5	鹤鸣芦荡
11	镇江展园	0.7	山魂水韵
12	泰州展园	0.7	绿城水韵
13	宿迁展园	0.6	水韵绿洲
14	园冶园	5.9	琼华仙玑

图 2-182　扬州展园（建设中）

扬州展园【月桥广陵】

以唐诗为引，以月为主线，采用现代造园手法，传承并再现扬州古典园林艺术。围绕“月桥广陵”主题设江月、桥月、池月、山月四大景区，建筑取唐代风格，布局因借自然。通过挖掘扬州“花”文化进行植物配置，形成丰富多样的园林景观。

南京展园【石头城记】

基于区域地貌特点和城市特征，以“石”为设计要素，展示古都文化，结合地形丰富竖向变化，营造丘陵景观，突出滨水空间，体现南京滨江城市风貌特征。

图 2-183　南京展园（建设中）

无锡展园【太湖人家】

运用灯塔、礁石、石刻、古帆船等具有“太湖文化”的造园要素，表现鼋头渚“太湖绝佳处”的景观风貌，以滨水民居、渔文化景观和立体绿化景观，展现无锡城市历史与现代生活方式。

图 2-184　无锡展园（建设中）

徐州展园【水韵汉风】

结合场地条件，展示徐州两汉文化、彭祖文化以及微山湖地域山水特色，应用生态修复技术与海绵技术，营造“自然、生态、循环、野趣”的园林景观，以八个特色典型景观呈现徐州“昨天、今天”的时代变化画卷。

图 2-185 徐州展园（建设中）

常州展园【田园诗歌】

以苏东坡置地养老的“半坡薄田”为设计元素，提炼“水网纵横、田园村舍”的江南水乡特征，体现现代人回归“田园”的美好愿景，再现当代江南“田园”风光。

图 2-186　常州展园（建设中）

苏州展园【吴韵桂香】

以水乡、田园、民居为造园要素，结合地形与周边环境，打造布局秀雅、山水交融、诗情画意的山水景观，表现小桥流水、绿树人家、稻香桑茂的江南田园风光，营造典型江南水乡景观风貌。

图 2-187　苏州展园（建设中）

南通展园【江风海韵】

以南通历史上“五公园”的景观特色及相关历史文化事件为素材，形成东影、西桃、南荷、北舫、中院五大景观，通过现代造园手法，结合传统造园理念、当地特色民居、海绵技术应用，打造江海地景。

图 2-188 南通展园（建设中）

图 2-189　连云港展园（建设中）

连云港展园【山海胜景】

基于城市区位特点，以航海历程为主线串联船舵、海浪、礁石等海洋元素，应用盐碱地绿化技术，营造山海风景，展现港城风貌，打造山海相依、沧海桑田的大地景观。

淮安展园【碧水芳洲】

基于城市地域特征，提炼淮安“南船北马、舍舟登陆”的漕运历史，将传统造园手法与现代景观表达方式结合，借景园外，应用海绵技术、垂直绿化技术，展现苏中特色地理风貌和丰富的湿地景观。

图 2-190　淮安展园（建设中）

盐城展园【鹤鸣芦荡】

基于城市地域特征，展示海盐文化、湿地文化，表现沿海滩涂湿地景观风貌，运用现代造园手法和乡土材料，通过海绵技术实践和湿生植物应用，营造滨水生态湿地景观。

图 2-191　盐城展园（建设中）

图 2-192 镇江展园（建设中）

镇江展园【山魂水韵】

基于宁镇地貌特点和城市历史文化，以书法为魂、江河为韵、诗词为境，表现镇江城市山林与江河交汇特色景观，再现镇江“两水夹一山”的城市山水印象。

图 2-193　泰州展园（建设中）

泰州展园【绿城水韵】

基于展园区位特点，展现城市水文化、戏曲文化和民居特色，运用“水袖”意向组织空间布局，表现里下河特色水乡风情，打造滨水湿地景观。

宿迁展园【水韵绿洲】

表达古黄河和“两湖一山”的城市典型景观特征，以流线型布局和艺术地景演绎古典情怀、山川形胜，展现水韵宿迁、古韵宿迁、情韵宿迁风貌，打造现代、开放、包容的山水花园和生态花园。

图 2-194　宿迁展园（建设中）

图 2-195　园冶园鸟瞰（建设中）

园冶园【琼华仙玑】

园冶园由孟兆祯院士主持设计，以《园冶》造园理论为支撑，融入扬州琼花、山水和园林建筑文化，相地布局，展示中国园林天人合一、物我交融的艺术特色，同时彰显扬州独一无二的园林特色。

3. 场馆建设

主展馆由王建国院士主持设计，采用院落式布局，取“别开林壑”之意，风格取唐宋之韵，建筑与地形有机结合，积极运用低碳、环保技术，打造具有传统韵味和时代特征的三星级绿色建筑，并成为全园标志性建筑与主要观景点，与园冶园形成良好的对景关系。园博会期间承办各项专题展览，包括插花、盆景、赏石精品展，花卉花艺展，园林园艺科技论坛。

图 2- 196　主展馆（建设中）

（三）特色亮点

1. 地景特色

博览园以江苏典型地理景观重塑山水构架，充分利用现有地形地貌、水系、植被等自然要素，梳理并提取江苏省典型风貌特色，挖掘并提炼省域典型文化特征，发挥场地优势和功能潜力，营造出一处具有江苏省域特色、展示江苏特色文化、功能富弹性、形式多样的百变空间。

2. 文化特色

展园布局按照省域五大文化圈层的概念，将城市展园划分为五大片区，通过长江文化、环太湖文化、沿海文化、运河文化、黄河文化、园冶文化等表现要素，体现文化特色，提出设计要点、引导展园建设。

3. 空间特色

突出园林与生活的关系，园中处处营造“百变空间”，强调人与人、人与园林、人与自然的互动。博览园在民俗村北侧打造出一片百变空间主题片区，将园林场所与人们日常活动相结合，营造出广场舞空间、阅读空间、社交空间等特色空间。除此之外，博览园在民俗村北侧布置了一处以儿童活动为主题的“童乐园”片区，包括“雾之谜”“水之灵”“木之变”“岩之奇”“土之颜”五个主题景区，探寻园博五味之旅，重新认识大自然中最简单的元素。在这片空间里，游客在这里体验园林、参与园林、感受园林。

图 2- 197　具有典型地景特色和空间特征的公共空间和展园布局（里下河湿地风貌及园艺村）（建设中）

图 2- 198　具有典型地貌特色和文化特征的公共空间和展园布局（苏锡常江南水乡风貌）（建设中）

4. 生活特色

本届园博会紧紧围绕园林园艺扮美生活、服务大众的功能特征，精心组织与安排相关活动，体现生活情趣和氛围。

（四）后续利用

在满足会展要求的基础上，规划在总体布局、设施配套、功能转换、用地储备等方面做了统筹安排：一是本届园博会博览园将作为 2021 年扬州世界园艺博览会的江苏展园；二是为展会闭幕后博览园的可持续发展预留了适量的发展空间。结合红山体育公园及铜山小镇等旅游资源的开发利用，旨在将该博览园及周边区域整合打造成为以观光、休闲、康体、养生、度假为特色的国家级旅游度假区和长三角重要旅游目的地。

本届园博会也作为推动宁镇扬一体化发展的重要触媒。通过园林园艺探索交流和系列活动的举办，吸引更多百姓的参与、观赏和体验，提升人们对园林园艺的兴趣和对生活品质的追求，更好地发挥园林园艺促进区域发展、扮美城乡群众生活的作用。

第三章

匠心之道

江苏省园艺博览会的变迁呼应了中国快速城镇化过程，在十届过程中形成了独特的造园主张，园博会用有限的资源调动了地方的积极性和主动性，影响力越来越大，不但对江苏风景园林事业的发展起到了积极推动作用，更带动了所在城市的地方经济，不断提升了人居环境品质，塑造了城市特色，促进了美好城乡建设，满足了人民群众对美好生活的向往。

每一届园博会，汇聚的是全省智慧与优秀创作力量，体现出探索创新、勇于实践的时代精神。每一届园博会都有独特鲜明的主题，传播新的理念，探索新的办会思路，使园博会始终站在一个新的起点。

在地性最能展现园博会独特的匠心之道，通过彰显造园艺术传承下的时代性、国际造园趋势下的本土性以及办会建园与城市的互动性，江苏省园艺博览会通过大胆探索创新，不断优化办会模式、提升造园水平，积极运用现代造园科技，对引领江苏省园林园艺行业健康发展发挥了积极作用。

一、 鲜明的时代性

江苏省园艺博览会作为一个公共性、开放性和持续性的展会，社会关注度高，影响范围广，受外界因素的影响也相对较大。在不同的时代发展背景和社会需求下，每届园博会的主题和定位理应不同。举办园博会应当把握住时代发展脉搏，顺应时代的社会需求，才能找准办会建园的方向。

（一）与时俱进领悟时代主旨

1. 把握宏观政策

江苏省园艺博览会自 2000 年举办，时间跨度近 20 年，在此期间，国家生态文明建设思想不断发展和完善，城市园林绿化建设的思路也越来越清晰，这对江苏省园艺博览会的办会思路、办会模式和创新发展带来深远影响。

从园林城市到生态园林城市，从节约型园林绿化到海绵城市建设，从可持续发展到生态文明建设，国家的发展理念伴随各地城镇化发展一步步完善，这为不同时期的园林绿化行业带来了发展机遇。在实践中，园博会的理念创新、模式创新和技术创新，一点点烙印在每届园博会博览园的规划与建设之中。因而，江苏省园艺博览会的十届发展历程也成为江苏省城市绿化建设、园林绿化行业发展的时代缩影。

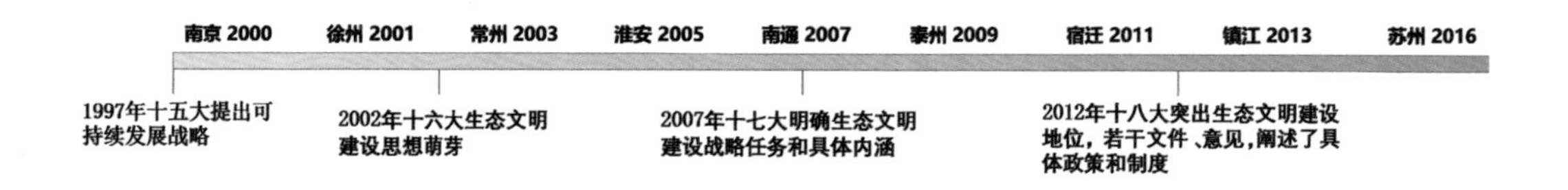

图 3-1　历届园博会时间线与时代发展脉络关系

1997 年十五大提出可持续发展战略；2002 年十六大生态文明建设思想萌芽；2007 年十七大明确生态文明建设战略任务和具体内涵；2012 年十八大突出生态文明建设地位，若干文件、意见发布，阐述了具体政策和制度……这些国家宏观政策的变化对不同时期的园博会选址、主题和定位等带来不同程度的影响。

十五大提出可持续发展战略之后，国务院和江苏省政府也相继召开了城市绿化工作会议，把加强环境建设、城市绿化建设作为一项战略任务，提出了更高和更加迫切的要求。在此背景下，江苏省举办的第一届、第二届、第三届、第四届园博会，从选址、布局和会后利用等方面都充分考虑到展会与城市公园环境提升或功能提升相结合，临时布展与现有建筑相结合，园博会后的博览园成为城市公园的一部分。

十七大提出科学发展观，从 2008 年 9 月开始，全面深入学习贯彻科学发展观。第六届江苏省（泰州）园博会正是在这样的背景下举办，提出以科学发展观为指导，按照建设资源节约型、环境友好型社会的总体要求，遵循自然与人文、传统与现代相融合的原则，推进现代造园艺术、生态设计理念、先进造景手法，以及生态节约型园林绿化建设，对江苏省园林绿化建设发挥了示范和引领作用。

十八大提出树立尊重自然、顺应自然、保护自然的生态文明理念，国家倡导海绵城市建设，第九届江苏省（苏州）园博会积极响应，结合园区公共景观、展园建设和展馆室内布展，通过创新实践、专题展示、系统总结，成为江苏省首批海绵城市建设示范项目。

2. 顺应城镇化发展

1996—2000 年，中国城镇化处于大城市与城市圈为主导的中心城市集聚发展阶段；2001—2006 年，则进入产业结构优化与质量提升为主导的快速发展阶段；2007 年至今，城镇化发展日趋成熟，从“以物为本”向“以人为本”的新型城镇化发展转变。城镇化的不同阶段从某种程度上反映了园林绿化建设的不同要求，从量变转为质变。

2000 年以前，中国城镇化水平还不高，城镇化率在 36% 左右，城镇化聚焦大城市建设且并未向外快速拓展，提升中心城区环境和功能自然成为首要考虑的内容。因此，第一届、第二届江苏省园博会分别选址于南京和徐州的城市中心公园，其中第二届确定在徐州举办，是当时省委、省政府实施苏北大发展，实现江苏省区域共同发展战略的一个重要举措，对于加快苏北中心城市的建设起到了直接的推动作用。

2003—2007 年，城镇化建设开始注重质量提升和功能拓展，通过良好的生态环境和人居环境建设，实现可持续发展。因此第三届、第四届江苏省园博会选址于城市中心区的拓展区，与旅游景区相结合，在提升景区品质的同时进一步完善景区功能，丰富市民生活。第三届江苏省园博会申办之初有四个城市竞选，常州的胜出跟当时省委、省政府推进建设苏锡常都市圈的战略不无关系，也是与常州建设特大城市、拉开城市框架、完善城市功能的急迫感是分不开的。第四届江苏省园博会选址于淮安钵池山公园就是一个破旧立新的过程，通过空间整理、功能搬迁和重新规划，再现了钵池山的历史记忆，还给市民一个绿色的美好家园。

2008 年以后，城市建设普遍提速，2010 年城镇化年均增速达到有史以来最高的 1.61%，城镇化率接近 50%。第五届以后博览园的选址逐渐向城市郊区、县级城市转移，则充分体现了城镇化的趋势。

第六届江苏省园博会选址于泰州主城区中轴线上，位于当时城市正在开发的南部新城核心区，与泰州城市整体发展方向相吻合，为城市未来发展注入了新的活力。第七届江苏省园博会选址于宿迁湖滨新城，正处于湖滨新城的初始发展时期，园博会的举办成为一个重要契机，通过挖掘潜力、拓展空间、展现魅力，进一步

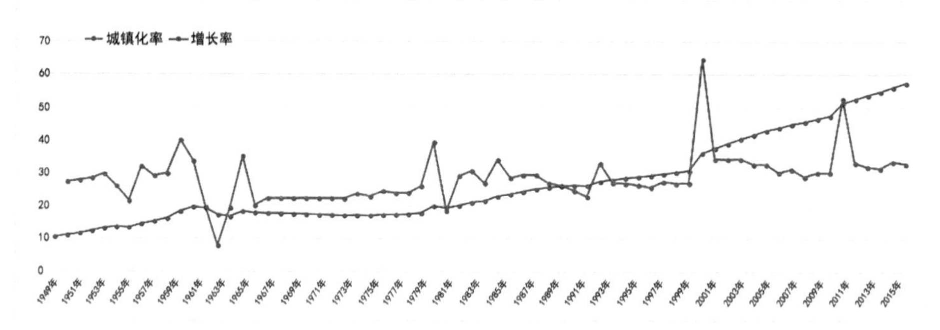

图 3-2　1949—2015 年中国城镇化率及增长率关系图

完善了湖滨新城的软、硬件环境，促进了湖滨新城经济和社会快速发展。随后的第四届江苏省森林生态旅游节也在此举办，盛会不断，也给湖滨新城的旅游业开辟了一个新局面。

第八届、第九届、第十届江苏省园博会均选址于各地区县一级行政区，一方面反映了城镇化率已经逐年提高，主城区乃至市区范围内建设趋于饱和，新建一个大型公园已难以承载；另一方面也表明城市建设越来越注重区域均衡发展，边缘的县区成为各市优先考虑的方向。

3. 紧跟行业趋势

1992 年，国务院颁布《城市绿化条例》，使园林行业的发展步入法制化轨道，促进了园林行业的健康、快速发展；2001 年，国务院颁发《关于加强城市绿化建设的通知》，提出了城市绿化工作的阶段性目标和任务，使得各级政府对城市绿化工作的重视程度和社会参与度都大大提高；2012 年，党的十八大报告中首次专章论述生态文明，对园林绿化行业的发展要求也越来越高。上述政策的持续推出为园林绿化行业的稳定发展创造了良好的环境和广阔的空间，使得园林绿化行业进入了蓬勃发展时期。

园林景观作为城市绿色基础设施，随城镇化、更高层次的功能要求，生态环保意识的不断增强，“海绵城市”建设浪潮，“国家园林城市”“国家生态园林城市”“国家森林城市”创建活动、BT 与 PPP 模式推广等政策支持和目标引导，有力地推动了城市建设和城镇化发展。一个个博览园的建成，不仅为城市留下了一处处永久绿地，同时也在不断践行行业最新发展理念，生态修复、水环境治理、生物多样性建设、海绵技术应用等一批批创新成果得到实践和应用，引领了江苏省园林绿化行业的发展，促进了江苏省绿化建设水平的提高。

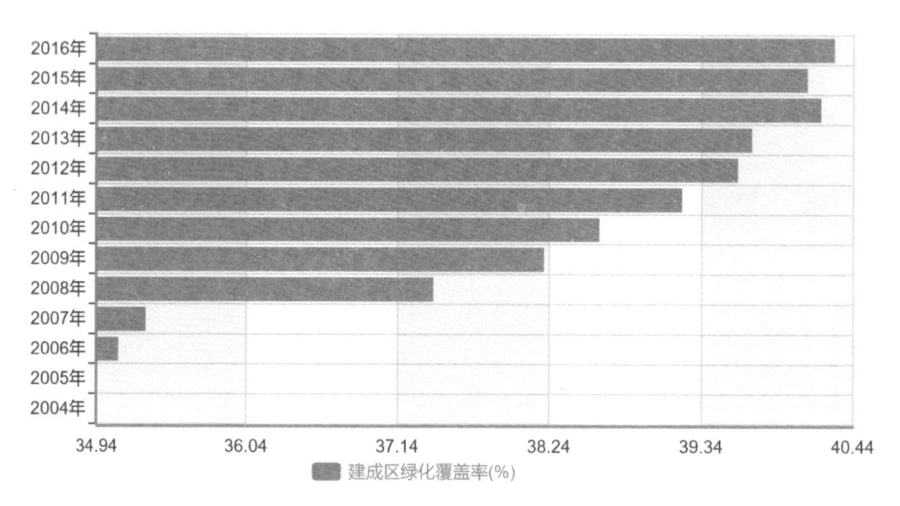

图 3-3　2004—2016 年中国城市建成区绿化覆盖率

江苏省第二届（徐州）园博会的举办在当时形成了一种普遍共识：园林园艺是一个“朝阳产业”，对于促进产业结构调整，寻求并培育新的经济增长点，特别是推进园林园艺行业的市场化、产业化进程具有重要意义。它改变了人们对园林园艺行业的传统认识，即城市绿化、环境建设不仅是一项能够创造社会效益、环境效益的公益事业，而且是一个能够创造经济效益的基础产业。第三届江苏省（常州）园博会因为主会场用地相对紧张，在展会期间以“一主多副”的方式开辟多个分会场，采取了依托一个企业为主，社会各个方面支持的办法，同时，结合武进·夏溪花木节活动，举办了花木市场大型花卉苗木交易会、3万亩农林观光园、艺林园揭幕、花木产业发展学术论坛等八大主题活动，有力地支撑了主会场的园事花事活动，宣传和促进了当地花木产业的发展，达到了“办一次会展，兴一个产业”的目标，为园博会市场化运作机制的形成积累了经验。第四届（淮安）园博会以博览园建设为契机，大力推进国家园林城市创建，积极推行“每人一棵树、单位一片绿”工程，形成了以博览园大型公园为中心，以单位庭院、居住小区绿化为基础，以道路、河流绿化为网络，点线面结合的城市绿化新格局。

（二）与古为新践行生态文明

1. 持续焕发生机

从本质上来说，古代的造园活动均源于古人对自然美的欣赏，从山水诗、山水画到后来的文人园林无不如此，而明清造园专著《园冶》的出现则把古代造园艺术成就推向了顶峰。传统园林主要基于文化和美学展开，而当今的风景园林则从生态学、环境学、地理学、社会学等学科的视野进行了拓展，但当今的创新始终离不开对传统的传承和发展。

江苏是文化大省，也是园林大省。深厚的历史积淀、文化的繁荣和经济的昌盛在江苏地域激发了大量的古代造园活动，涌现出计成、陆叠山、李渔、周秉忠、张涟、张南阳、戈裕良等著名的造园匠师，也有众多江南名园流传于世。无形的文化积淀和有形的风景名胜、古典名园，让江苏的造园艺术在中国独树一帜。

江苏省园艺博览会正是在这样的历史背景下连续坚持了十届，历经近二十年的持续发展，承前启后，与时俱进，正如造园名著《园冶》所述，“时宜得致，古式何裁”。徐州民居传统营造技艺、苏州香山帮建筑技艺、扬州园林营造技艺是江苏省三大传统建筑营造技艺，这些传统技艺在江苏省园艺博览会的舞台上陆续呈现，通过实体营建、实物展示、图文科普等方式与当代造园活动相结合，在传承中焕发出新的时代生命力。

2. 不断创造辉煌

进入21世纪以来，中国的城镇化速度逐渐加快，同时也越来越注重可持续发展，

图 3-4　第九届（苏州）园博会 博览园毗邻的柳舍村改造后风貌

生态理论逐步完善。江苏省园艺博览会与园林城市创建等活动不断从古典园林中吸取营养，在新时代的生态理念引领下，与现代城市公园绿地、风景区的创新发展交相辉映，一方面从理论上拓展了传统园林与园艺的科学性，另一方面，从造园实践中发挥了园林的生态、社会等结构性综合效益，突破了传统的审美标准，融入了大众的生活需求，引领了行业的新技术应用，提升了城市的空间品质，营造出一个个具有时代气息的城市新园林。

- 与时代发展同脉

会展业一向被视为各行业发展的风向标。江苏省园博会博览园作为一个会展博览空间而存在，它的首要意义在于展示时代的发展，以及推动相关行业的进步。博览的过程实际上就是一个交流、传播、推广的过程，在这个过程中先进理念的碰撞、创新技术的实践、园林艺术的普及都扩大了行业的影响力，促进了行业发展，其与“公园”这一特定城市空间的结合，不仅提供了足够的承载能力，也通过园博会的集聚效应放大了其影响力。

第二届江苏省园博会选址于徐州既有云龙公园，拆除了园内 30 余处游乐设施和 10 余处经营网点，终止经济合同 10 余项，可谓舍小利为大义，为的就是顺应新世纪的时代发展要求，以此为契机加快推进生态城市建设，最终在徐州营造了一种保护环境、共创美好家园的良好氛围，激发并调动起广大人民群众对于改善城市生态环境的强烈愿望。第九届江苏省园博会选址于苏州吴中区的临湖镇，从交通区位上、区域发展潜力上看并不占优势，但在国家持续推动城乡一体化进程和美丽乡村建设的时代背景下，园区在规划之初就主动将毗邻的柳舍村纳入进来，统一规划，整体提升，融合发展，将原来朴实无华的一

个 262 户人家的太湖村落改造成江苏省两个国家级美丽宜居示范村之一。

• 与社会需求同向

园博会作为大型会展活动，其相关性强，区域辐射范围大，覆盖人群广，对地方经济有一定拉动力。因此，对于江苏的承办城市来说，博览园的选址特别注重考虑城市发展需求，以及区域城镇建设和经济发展，形成综合性和持久性的带动效应，特别是旅游景区中的博览园，其良好的后续运营更是与园区的可持续发展密切相关。定期或不定期的后续会展活动、文化活动、娱乐活动及其他策划项目能使其保持对其区域的持续影响，吸引更多行业和产业进驻，平台效应进一步放大，进而形成良性循环。

第三届江苏省园博会选址在常州，是基于为中华恐龙园这个国内较早建设运营的主题公园在未来发展中的空间拓展和功能提升预留用地的考虑；第七届江苏省园博会选址在宿迁骆马湖畔，也是综合考虑会后带动滨湖区环境提升、湖滨旅游和建设用地升值；第十届江苏省园博会选址在

图 3-5　第七届（宿迁）园博会博览园与滨湖新城

扬州仪征市现有旅游度假区内，为仪征北部生态旅游产业建设和枣林湾生态园可持续发展提供了重要契机和动力。

在园博会的功能属性当中，还包含了另一个特性，即公众参与性。园博会虽然是专业性的会展，但它的受体群不仅包括风景园林行业的专业人士，也包括非专业的普通公众。因此，园博会的举办需要倾听民众的声音，社会在关注什么，民众在关心什么，由此确定办园的方向才是最接地气的方式。毕竟，园博会不仅在向专业人士推广行业新材料、新技术，也是对公众进行科普教育的一个良机，通过公众的广泛参与，培养了公众兴趣，扩充了公众知识结构，提高了公众审美水平。

第三届江苏省（常州）园博会是在人居环境和城市景观日益受到广大人民群众关注的背景下举办的，提出了“营造新型都市景观，树立正确的生态系统观”的总体理念。常州恐龙园与博览园一动一静，相得益彰，而且从体验性上满足了各个年龄层次的游客需求。第八届江苏省（镇江）园博会首次引入庭院绿化展和湿地科普馆，使园林艺术成为服务大众的公共艺术。第九届江苏省园博会首次引入阳台绿化展和乡村庭院展，并加入了苏州非物质遗产展和 4D 影院，同时结合服务功能设置了民众喜爱的多肉植物馆、巧克力馆以及“香山帮”文化科普等内容，大大丰富了游客的游览体验。

图 3-6　第九届（苏州）园博会 阳台绿化展

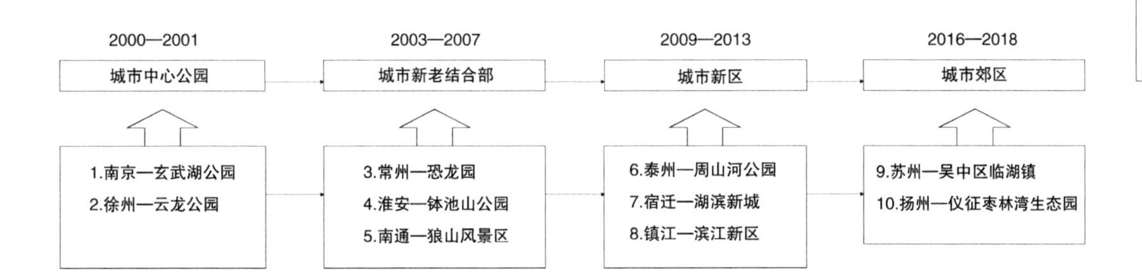

图 3-7　历届园博会博览园选址与城市关系

（三）承前启后更新办园理念

江苏省历届园博会在申办前的最重要一步就是博览园的选址，正如同好文章的选题，好的选址不仅能很好地呼应时代背景和社会需求，更能最大限度地展现办会特色，引领行业进步，带动城市发展，结合时代背景和选址特征才能更好地明确主题立意和办会理念。

通过历届园博会博览园选址与城市的关系可以看出，从城市中心区到城市新老结合部，再到城市新区、城市郊区，其选址区位及选址场地规模均与城市发展方向、城镇化进程、城市重要产业布局等密切相关。基于选址所确定的博览园定位也从单一的建园变成整合资源、协调城市发展、促进产业转型升级和城市宣传等综合性定位。

1. 协调城市发展

综合历届情况分析，园博会博览园的场地利用方式主要有三类：一是择址新建，二是在原有公共场地如废弃地上重建，三是整合现有用地和资源。

表 3-1　历届江苏省园博会博览园选址场地特征

届次	举办城市	时间	举办地点	场地特征
第一届	南京	2000	玄武湖公园	城市公园内临时场地
第二届	徐州	2001	云龙公园	城市中心待建绿地
第三届	常州	2003	中华恐龙园	主题园区拓展绿地
第四届	淮安	2005	钵池山公园	城市待建绿地
第五届	南通	2007	狼山风景名胜区	滨江景区拓展用地
第六届	泰州	2009	周山河街区	城市待建绿地
第七届	宿迁	2011	湖滨新城	滨湖沿岸绿地
第八届	镇江	2013	滨江新区	滨江沿岸绿地
第九届	苏州	2016	吴中临湖镇	太湖沿岸绿地
第十届	扬州	2018	仪征枣林湾	旅游度假区待建绿地

2. 整合资源利用

根据历届园博会博览园选址及定位，资源整合与土地利用基本有五种模式（图3-8）。

一般会选择周边旅游资源丰富、接待设施完善的地区，以更好地吸引参展商和观展者，同时也便于充分利用既有城市资源，为会展提供完备的配套服务功能。这种模式能较好地推进城市建设的区域联动，进一步提升城市建设品质，从而对城市旅游业的发展带来利好。其他模式则根据承办城市的申办意图和城市发展战略进行选择。

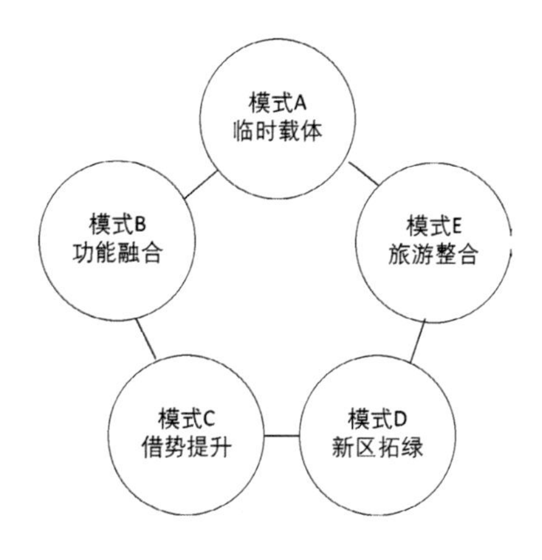

图3-8　历届江苏省园博会博览园土地利用模式

表3-2　历届江苏省园博会博览园周边资源情况

届次	举办城市	举办地点	周边资源
第一届	南京	玄武湖公园	南京市政府、紫金山、明城墙、鸡鸣寺、九华山、台城公园、南京站、山西路……
第二届	徐州	云龙公园	云龙湖、云龙山、徐州汉画像石艺术馆、徐州动物园、彭祖园、淮海战役烈士纪念塔、徐州博物馆、徐州乐园……
第三届	常州	中华恐龙园	中华恐龙园原有6个主题区、新北中心公园、常州北站（高铁生态公园）、国际会展中心、紫荆公园……
第四届	淮安	钵池山公园	钵池山、古淮河文化生态景区、楚秀园、里运河文化长廊、清江文庙、樱花园、张纯如纪念馆、苏北野生动物园……
第五届	南通	狼山风景名胜区	崇川区政府、长江、狼山风景名胜区、军山植物园、蔷园、南通体育会展中心、南通海底世界、濠河博物馆……
第六届	泰州	周山河街区	泰州市政府、泰州市博物馆、镜园、泰州市动物园……
第七届	宿迁	湖滨新城	骆马湖、中国水城欢乐岛、三台山国家森林公园、克拉嗨谷主题乐园……
第八届	镇江	滨江新区	长江夹江、滨江公园、雷公岛……
第九届	苏州	吴中临湖镇	太湖、启园、东山雨花胜境、法海寺、未来农林大世界……
第十届	扬州	仪征枣林湾	枣林湾生态园、铜山森林公园、红山体育公园、青马车寨、各类农庄……

二、典型的本土性

（一）立足国际聚焦本土视角

中国古人尊重自然、以自然为师。宋代词人沈蔚《天仙子》词云：“景物因人成胜概。满目更无尘可碍。”正如当今社会回归山林自然，已成为世界性的时尚。把社会美融入自然美从而创造园林艺术美是每个造园匠人的最大追求。所以管子说“人与天调，然后天地之美生”，而中国美学家李泽厚先生从美学的角度概括中国园林是“人的自然化和自然的人化”。古今朴素而富有智慧的造园思想在潜移默化中影响了江苏一代代的园林人。

中国园林，特别是江南园林的造园精髓“虽由人作，宛自天开”正是《园冶》一书的核心要旨，而该书是计成对苏州、扬州、常州等地造园实践的高度总结。江苏的造园技艺能在国内、国际园艺博览会上屡屡斩获大奖，正是与江苏古典园林文化的传承和江苏园艺博览会二十年的锤炼密不可分的。立足于国际，江苏园艺博览会的特色主要体现在以下几个方面：

1. 主题鲜明

园博会的首要特征是一种节事性的活动，或者说是一个城市事件，它具有周期性和延续性的特点，因此每届展会首先都会依据总的办会宗旨，结合自身选址特点、地域特色及时代特征来确定本届的会展主题。会展主题是园博会对外宣传的主旨，同时也是博览园规划设计和建设的灵魂，因此，园博会主题的选定至关重要，它需要体现本届会展的鲜明特色，具有足够的吸引力，同时也要考虑园博会主旨精神的延续性。

博览园的规划与建设不同于一般公园，它从某种角度来讲是一个命题项目，而这个命题就是展会主题，所以博览园的空间规划、建筑和景观设计必须充分体现和传达园博会的主题精神。特色鲜明的空间、匠心独运的景观、精益求精的细节，所有这些围绕主题进行的规划、建设实践的完美呈现必然能给百姓游客留下深刻印象。

第二届江苏省（徐州）园博会举办之初，全国以生态园林为主题的专类公园为数不多，该届园博会以“绿色时代——面向 21 世纪的生态园林”为主题，鲜明地反映了时代特色，符合时代的要求，开园期间游客人数是云龙公园正常接待量的 4 倍，形成了园博会的轰动效应。第三届江苏省（常州）园博会延续了第二届的生态园林理念，以人为中心的城市生态系统观，在 “注重人、自然、环境与时代融合”的博览园建设和园事花事活动中都得到了充分体现。博览园现代园林风格的定位也与主题呼应，具有较强导向型和现实指导意义。第四届江苏省（淮安）园博会依托淮安悠久历史文化资源和基底山水相映的特征，提出了“蓝天碧水 · 吴韵楚风”的会展主题，以“吴韵”统筹苏南城市片区特色，以“楚风”统筹苏北城市园林特征，并由 13 个城市共同发表了“绿色城市宣言”。第六届江苏省（泰州）园博会以“水韵绿城 · 印象苏中”为主题，突显了泰州因水而兴、因绿而美、水绿交融的城市特色，同时通过苏中、苏北乡土植物资源库的筹建，强化“绿城”“苏中”主题。第七届江苏省（宿迁）园博会主题是“精彩园艺 · 休闲绿洲”，一是强调精彩办园博，二是给湖滨区留下一处园艺展示与休闲功能相融合的复合型绿地。第八届江苏省（镇江）园博会以“水韵 · 芳洲 · 新园林——让园林艺术扮靓生活”为主题，既体现了选址滨江生态岛的地理特色，又突出了以园艺科普、生活园艺联结市民生活的理念。江苏省第九届（苏州）园博会选址太湖之滨，太湖烟雨与周边散落的传统村落构成的正是一片水墨江南的景象，而大地花海、柳舍村、多肉馆、阳台绿化展、非遗文化展等内容更是贴近生活，完美演绎了“水墨江南 · 园林生活”的主题。

2. 功能明确

博览园是以展示、交流为核心功能的综合性公园，具有明显的展示性和公众参与性，展示空间和活动组织是其核心。对于博览园来说，展示功能所具有的博览性特征是非常明显的，具体体现在展示内容的广泛性、类别的全面性和资源的丰富性等方面，如此，才能给游客营造舒适和谐的展示环境，声色俱全的展示效果和信息丰富的展示内容，使其获得丰富多彩的游览体验。

第二届江苏省（徐州）园博会围绕会展主题，除了造园艺术展示外，也为全省园林园艺精品展示和科技交流搭建了一个舞台，首次设置了盆景、插花、根艺、赏石、名花异卉等五大专题展、园艺精品展等内容。同时，为了丰富园博会气氛，主办方组织了龙舟邀请赛，全省 9 支代表队参加了表演和竞赛，另外还有书画笔会、焰火文艺晚会、民间艺术表演等演艺活动，增加了展示的娱乐性与观赏性。第三届江苏省（常州）园博会除了在主会场举办造园艺术展、盆景精品展和根雕艺术展以外，还结合“龙城”特色和中华恐龙园主题举办了有各市舞龙队参与的舞龙表演大赛。同时，还在各分会场同期举办了玫瑰婚典、常州第三届杜鹃花节、常州市十四届月季花展览、常州市旅游节等活动，在武进夏溪花木市场组织花木展销、生态林观光等系列活动，这些活动不仅丰富了展会内容，也体现了承办城市特色。第四届江苏省（淮安）园博会首次将地方美食文化与园林文化结合，开园期间同期举办 2005 中国 · 淮安淮扬菜美食文化节活动，打造了“美景美食 · 香溢淮安”的特别节目，令人印象深刻。第五届江苏省（南通）园博会除了在狼山风景名胜区黄泥山脚的主会场外，同时在南通市体育会展中心、南通更俗剧院、南通博物院、如皋花木大世界和狼山等地设置分会场，举办了各项园事花事活动，并同期举办了 2007 中国南通港口经济洽谈会大型文艺晚会，极大地丰富了园艺博览会活动内容。第七届江苏省（宿迁）园博会除省内 13 个城市展之外，还特邀了省内外知名园林企业，昆明、绵竹等国内友好城市，以及宿迁的国际友好城市日本南萨摩市和江苏的友好省区法国阿尔萨斯大区共同参展，扩大了园博会的影响力。第八届江苏省（镇江）园艺博览会以湿地造园为特色，还融入了家庭庭院绿化展、花卉花艺餐厅、湿地科普馆、河豚文化节、大型音乐喷泉秀等丰富的展示和互动活动。第九届江苏省（苏州）园博会除了传统造园艺术展，还融入具有苏州地方特色非遗文化馆、4D 影院、木结构展馆、海绵技术展示、太湖湿地园、假山园、盆景园、日晷园、多肉馆、巧克力馆、大地花海、儿童游乐区等多种园艺、文化特色展示内容，大大丰富了游客体验度和新奇度。

3. 效益兼顾

园博会在闭会以后将带来持续的社会影响力和发挥持续的城市功能，既可作为一个展示、交流场所，也可作为一个永久性公园，或可作为一个综合性的城市功能体等等。部分永久保留的展馆在展会后可能面临功能的转换，而临时性展馆将在会后被拆除，其场地将被再次开发。这就要求博览园的规划和建设者充分考虑其后续发展对用地、设施与活动进行安排，在空间布局、开放空间设计、绿化植物选择等方面加以落实，从而达到基础设施后续利用的最大化，同时也便于土地的功能转换与再次利用。

第一届江苏省（南京）园博会博览园、第二届江苏省（徐州）园博会博览园均已成为城市建成公园的选址，借办园契机转变理念，完善功能，提高品质，在办好一届园林园艺盛会的同时也为市民留下了一个面貌全新、环境怡人的城市新名片。第三届江苏省（常州）园博会博览园建成后，与恐龙园游览功能区相对独立，与环境建设有机结合，两园互动互补，产生了很好的景观效果，也为今后的养护管理创造了条件。第四届江苏省（淮安）园博会博览园建成后使城市东郊多年来脏、乱、差的形象焕然一新，园博会闭幕后作为现代城市园林永久存在，成为淮安城市中心“绿肺”和城市氧吧。第六届江苏省（泰州）园艺博览会闭幕后，博览园更名为天德湖公园，并成立天德湖公园管理处，天德湖公园作为市民绿色福利被永久性保留并免费对市民开放，同时，根据市民意见，改造部分展园，提升了公园品质与内涵。另外，结合相邻公园绿地的打造，形成城区景观项链的重要组成部分。第九届江苏省（苏州）园博会不仅留下了一个新的滨湖景区，也为苏州东山、西山之间的环湖绿带增添了一个重要的旅游节点和服务驿站，完善了滨湖旅游景点体系，发挥了更大的区域综合效应。

(二)植根地域展示本土特质

1. 适应自然

毋庸置疑，自然是人类所有地域性文明的主要载体，也是人类发展和创造的源泉，是我们最原始的记忆。

园艺博览会本质上也是一个以自然环境为本底，以艺术性创作为手段，改造自然、再现历史记忆、传播现代文明的造园活动。历届园博会的特色源于在地性特征，不同的地形、不同的气候、不同的资源和不同的人共同塑造了当届园博会异于往届的空间特征和景观风貌。南京、镇江、扬州的丘陵风貌，泰州、淮安的里下河湿地风貌，苏锡常的江南水乡风貌，连云港、南通、盐城的滨海风貌，徐州、宿迁的平原水乡风貌等等，这些都自然而然地构成了园博会本身的地域性差异和特色。

人们活动的任何场所都存在于一定的自然环境之中，因此，地域中的自然属性往往成为设计的基本诉求，地域性元素的应用与表现也是传达场所精神的重要手段。深入地理解地方性，从而使地方的优势得以充分发挥是设计师应该遵循的基本设计原则。然而，地域性其实更多的是服务于设计对象所处的平台和它的受众。

图 3-9 第九届（苏州）园博会 “新江南”水墨意境营造

从历届园博会的意见反馈中可以看出，在地性特征明显的，呈现更多本土风情与自然风貌的，其景观特色也往往更让人记忆犹新。而景观的特色性是园艺博览园旅游成功发展的关键，独特的景观给人以冲击、震撼，令人过目不忘，发挥最有效的文化传播，实现最有效的形象宣传。景观的特色越突出、文化性越明显，其竞争力越强、发展潜力越大，随之而来的经济、社会效益也就越多。因此，能否突出地域文化特色是评判园艺博览园空间规划和景观设计是否成功的重要指标之一。

2. 延续文脉

不同的地域环境因为自然地理的差异，人们改造和利用自然环境的时间、方式和程度各不相同，因此形成了不同的地域文化。中国传统园林的造园活动自古就与文化密不可分，园林、人与自然有一种天然的文化适应性，造园的过程之中往往保留了当时的文脉特质和内涵。

江苏是中国古代文明、吴越文化、长江文化的发祥地之一，形成了以金陵文化、吴文化、淮扬文化、海洋文化和楚汉文化等多元文化交融的地域文化特征，这些特征构成了江苏历届园博会的文化内涵和在地性的表达要素。保留历史文脉，以现代形式表现地域文脉特质是江苏省园艺博览会一直以来坚持的基本理念，这与当今所提倡的文化自信也完全契合。

从历届园博会主题演变可以看出，园博会的主题定位不仅与办会的时代背景、政策导向密切相关，同时也与各承办城市的文化特质密切相关，从绿色生态到城市文化展示，最后又逐渐回归到园林艺术本身，同时加入了很多与老百姓生活密切相关的内容。

图 3-10　江苏省园艺博览会历届主题演变

在中国，传统与现代的观念和思想冲突一直存在，特别是规划设计领域，主要表现为对传统价值的过分尊重和对现代理念的全盘推行。然而，传统与现代并不是非此即彼的单项选择，相反，我们更需要用时代的热情融化传统的禁锢，从对立走向调和。保留文脉，是一种传承，而与时代的结合则是一种发展，这种发展需要一个基础，这个基础就是城市文明在历史发展脉络中的文学、艺术、建筑、园林以至于人的活动等的积淀。

作为综合展示当代园林园艺水平的园艺博览会要在尊重和继承传统的同时，更多地去体现我们这个时代的特色和精神，体现当代园林园艺的发展与创新。这种发展与创新是基于对传统的当代解读和表现，基于对当代材料、工艺、技术和审美的尝试和应用。

图 3-11　第九届（苏州）园博会 新型木结构馆与室内香山帮技艺展示

图 3-12　第九届（苏州）园艺博览会
柳舍村（左上）、盆景园（左下）、假山园（右）

江苏园林久负盛名，江苏的每一个城市都拥有悠久的历史文化。江苏省园艺博览会作为展示园林文化的行业盛会，在继承和推广传统文化方面有重要作用。在过去的十届江苏省园艺博览会中，每一届都在从不同角度对传统园林文化和地域文化进行诠释和演绎。

历届园博会都将地域文化放在重要的位置，博览园规划设计无处不彰显地域特色。第四届江苏省（淮安）园艺博览会博览园，将淮安“运河之城”的特色表现得淋漓尽致，博览园彰显淮安水文化特色，将园林文化与水文化相结合，将水文化融于各项活动中，充分展现淮安城市的水绿风韵。第八届江苏省（镇江）园艺博览会选址于滨江地区，以长江湿地为特色，以长江文化为景观序列，将博览园建设成具有鲜明滨江城市特色的精品园林绿地。第九届江苏省（苏州）园艺博览会则充分展现江南水乡的景观特色，将传统造园艺术和江南水乡完美融合，营造一届具有浓郁江南水韵特色的园博会。

图 3-13　第八届（镇江）园博会 连云港展园云天阁观江塔

图 3-14　第十届（扬州）园博会 园冶园（建设中）

图 3-15　第十届（扬州）园博会 园冶园设计鸟瞰

不仅博览园公共片区，每一届城市展园，也都以不同方式展示着自己的文化。以第八届江苏省（镇江）园艺博览会为例：苏州展园通过乌篷船、茅草棚、荷花、芦苇等独具姑苏人家场所记忆的景观元素，表达吴韵水乡意境；连云港展园以大型集装箱码头为灵感，设计了云天阁观江塔，并用玻璃等元素营造现代感；南京展园设计了“时代之门”，以六扇门象征南京六朝古都的文明历史。各个城市展园共同展现江苏丰富的文化底蕴与特色。

展现园林文化是园博会最核心的职能之一。园艺博览会博览园从城市展园、展馆布展、主题活动等多方面展现江苏园林文化，从最初盆景展、插画展、赏石展、拓展到摄影展、书画展、阳台展、花园展等丰富多彩的园事花事活动，为推广园林文化注入了新鲜活力。此外，园博会以“主题园”的形式突出特色园林文化表达，继承和发扬传统文化精髓，营造精品园林。

第十届江苏省（扬州）园艺博览会将云鹭湖中心岛规划为园冶园，由孟兆祯院士主持设计。园冶园以《园冶》文化为依托，突出《园冶》成书之乡的地方特征，展示中国园林天人合一、物我交融的艺术特色，展现扬州独一无二的园林特点。

为了彰显地域特色，园博会博览园规划设计融入了地域历史记忆，借博览园建设，为城市留下经典记忆，回归地域文化本源。

第四届江苏省（淮安）园艺博览会选址于山子湖周边，博览园依据场地历史脉络，以钵池山有关史志为蓝本，筑山理水，造园植绿，重现史上钵池山道教盛景和山子湖的旖旎风光。依据史料记载，钵池山消失于乾隆甲午年（1774 年），“黄河水决老坝口，山子湖与周边湖相连，钵池山与湖中似海上仙岛，逐渐淹为平陆”。博览园以人造山的方式，采用钢筋混凝土框架结构外覆土、仿作恢复 38 米高的主山，经过巧妙的山顶绿化，恢复历史记忆。博览园邀请艺术大师为景区创作《老子》雕塑，并获得“新中国城市雕塑建设成就奖”，不仅为博览园，更是为城市留下经典作品。

图 3-16　第四届（淮安）园博会 钵池山老子雕塑

（三）传承技艺展示造园精粹

江苏自古以来园林文化兴盛，各个城市具有鲜明的园林特色：南有江南园林小桥流水，中有扬州园林隽秀多姿，西有金陵园林皇家气势，北有楚汉风韵大气雄浑。

“不出城郭可获山水之怡，身居闹市而有林泉之致”，这是江苏古典园林的精妙之处，在江苏省园艺博览会发展中得到了传承和发扬。博览园的建设，注重对古典园林的借鉴和继承，依托自然山水，建设园林景观，以植物造景、乡土树种、生态湿地为主，充分考虑现有原生树木、山林植被、水系湿地等资源的保护利用，大量布展宿根性和自播能力强的花卉，展现植物多样性、适生性、观赏性，使园林建设与周边环境、自然地理、全园景观相协调，形成和谐、自然的生态系统。

江苏省园艺博览会在这种环境下发展，得以将江苏园林的精髓传承下去，并将时代特征带入传统园林，使传统园林与时代变迁碰撞出精彩的火花。

1. 延续传统造园思想

中国传统园林艺术受到以儒、道为代表的中国古代传统哲学思想的影响，尊崇“师法自然，天人合一”的造园理念。“天人之际，合而为一”是儒家重要的哲学思想之一，这与“天人合一”观念相得益彰。古代文人名仕利用园林表达自身情怀，促进私家园林和文人园林发展，对中国传统园林发展起到重要作用。道家推崇追求自然、原生态的生活方式，老子言“天地有大美而不言”，这种敬畏天地的自然观对中国传统园林的表达形式有深刻的影响，力求做到人工景观与自然山水相互交流和融合，表达“天人合一”的意境。无论从博览园总体规划，还是从城市展园规划设计角度，都表达出对传统造园思想的继承和延续，对自然充满敬畏之心，将传统造园思想精髓与现代园林结合，展现了对传统园林的思考和传承。

第九届江苏省（苏州）园艺博览会，以太湖为依托，紧扣“水墨江南·园林生活”的主题，充分尊重基地条件和自然资源，彰显吴地文化和江南水乡特色，展示太湖风光。博览园规划延续基地绿树成荫、稻田连片、村庄成景、碧波荡漾的原始生态景观，将田园风光融入园林园艺，使游人切实感受到山水风情和典型的江南意境。

第四届江苏省（淮安）园艺博览会，通过一草一木、一石一景，充分彰显“蓝天碧水，吴韵楚风”的办会主题。各个城市展园既有机关联又独立成景，利用原有地形地貌与人工山水有机结合，共筑博览园景观。其中无锡展园以“清风杨柳”为主题，保留原有意杨林、垂柳及水岸边的芦苇，营造丰富、自然的半岛景观；镇江展园以“丛林叠翠”为主题，融自然地形和人工景观；连云港展园以“烟雨云港”为主题，利用场地形似港湾的特点，创造出独具自然生态特色的港湾美景。

2. 弘扬经典造园手法

中国传统园林是对自然的精练与浓缩，通过对自然的感悟，以形写神地概括所要表现景象的相关特征，从而达到小中见大的艺术效果。传统园林的空间布局和造园手法极其丰富，例如运用建筑、山石等点景；以水体、植栽等来衬景；运用分景、框景、透景来表现空间的流动性；运用空间的对比和先抑后扬的空间序列来突出主景等，形成了树无行次、石无定位、山有主宾、水有萦绕的传统园林结构，营造“得影随行，诗情画意”的园林意境。传统园林力求观赏者与景观达到精神共鸣，即达到“景外之景，象外之旨”的目的。

传统园林善于运用虚实处理使园林极富韵味，运用空间起落与开合，使其充满节奏和韵律，运用藏与露、隐与现、引导与暗示等手法使园林空间呈现出“山重水复疑无路，柳暗花明又一村”的艺术效果，以巧于因借的手法满足看与被看的视线要求，同时利用空间的渗透来丰富景观的层次，使内外空间相互联通具有流动性，形成步移景异的效果和意趣。传统园林中经典的因地制宜、构景成趣、物我相融、以人为本的造园手法和理念在园博会博览园规划和城市展园设计中得以充分展现。

第五届江苏省（南通）园艺博览会博览园，场地位于狼山风景名胜区，结合原有植被群落、原有水系及动植物生境，借景狼山，使园区内山、水、园相互交融。

第九届江苏省（苏州）园艺博览会博览园借景太湖，将太湖风光引入园内，结合真山真水的基地特色，结合自然优美的江南田园村落、小桥流水的枕水人家，彰显苏州深厚的园林园艺底蕴和江南特有的水乡地域特质。

3. 传承优秀造园技艺

在博览园规划设计阶段，有意识地引入了地域园林技艺，作为对传统园林技术的传承和致敬，引导非遗技术传承与推广。

第九届江苏省（苏州）园艺博览会博览园的建造过程中，邀请苏州非遗传承的香山帮匠人，协助指导建设“木文化展馆”，并在非遗文化展览馆中以 3D 形式对香山帮匠人巧夺天工的建造技术进行了精妙的还原与演绎。此外，苏州园博会还邀请了我国园林届闻名遐迩的“山石韩”第三代传人亲自操刀设计假山园，汲取苏州园林中经典假山意向，展现苏州特色的山水园林。同时，苏州园博会在营造过程中对传统假山技术进行继承和创新，让传统技术与现代园林交融更加自然。

图 3-17　香山帮匠人技艺

图 3-18　第九届（苏州）园博会 木结构展馆

图 3-19　第九届（苏州）园博会 假山园

假山园运用叠石掇山的传统技艺，利用太湖石、黄石为主要材料，土石山与石山相互结合、采用中央布置法，通过障景、对景、框景与水体结合、迂回曲折等多种艺术手法，营造具有苏州典型山水特色且富有变化和情趣的空间环境。

第十届江苏省（扬州）园艺博览会，主办方邀请了扬州最著名的古建团队对园内的古典建筑进行建设指导，以求体现扬州古典建筑建设的最高水平，展现最精妙的传统建筑技艺。

图 3-20　第十届（扬州）园博会 扬州展园（建设中）

（四）创新探索引导绿色发展

博览园的规划建设，是对中国传统园林的精髓加以传承和延续，同时对传统造园艺术进行升华和调整的过程，以适应时代发展。

1. 推广新理念

历届园博会都坚持把绿色生态作为自觉追求，强调保护与改善生态环境，表达人与自然和谐共生的理念。确立生态低碳导向。博览园的建设，不追求规模扩张，而是在坚持集约节约、环境友好的前提下，努力建设最好最美的园林。早在2001年的第二届江苏省（徐州）园博会上，就提出了"生态园林"的理念，在此之后，江苏始终将"生态理念"作为展会的核心贯穿于历届园博会之中。从园林绿地规划设计、植物造景到建筑营造各个环节，都采取节约举措，布局和节点强调造园艺术与自然景观有机结合，着力提高资源节约利用效率，充分发挥城市绿地的生态功能，作为示范引领园林绿化发展的新导向，建设资源节约型、环境友好型社会的新模块。

在创新办会理念上，每届园博会坚持主题鲜明、探索创新、交流示范、引领提升，每一届园艺博览会都有着自己独特鲜明的主题，从"绿满江苏""绿色时代"到"绿色奏鸣曲"，从"蓝天碧水·吴韵楚风""山水神韵·江海风"到"水韵绿城"，从"精彩园艺·休闲绿洲"到"水韵·芳洲·新园林"，传播新的理念，探索新的思路，使园博会始终站在一个新的起点、新的高度。

2. 探索新技术

随着时代的发展，园博会博览园在规划设计中也采用了很多新技术，对园林绿化技术研究、应用、推广起到了引导和示范作用。

博览园在文化、艺术、传统技艺方面从中国经典园林引经据典，充分思考如何继承与发扬传统文化。随着时代的发展，园博会也跟随着时代进步的脚步，不断探索创新，为园林绿化行业提供新思路和方向。历届园博会博览园在规划、设计、建设阶段均采用了当时最新绿色技术，对园林绿化行业起到助力作用。无论是园博会的主展馆，还是城

表3-3　历届博览会造园新技术应用与探索

届次	地点	主要的新技术应用与探索
第一届	南京	生态技术
第二届	徐州	温室技术
第三届	常州	温室技术
第四届	淮安	人工造山、人工山体绿化技术
第五届	南通	温室建设、节能建筑技术
第六届	泰州	绿色能源技术
第七届	宿迁	绿色能源技术
第八届	镇江	生态低碳技术、曲面建筑技术、大树移栽技术
第九届	苏州	海绵技术
第十届	扬州	绿建技术、木结构建筑技术、海绵技术

市展园，都对造园技术进行探索和寻觅，使新技术和新理念与传统园林有机结合，去糟粕留精华，使园林园艺更加适应时代特征并符合大众需求。

山水是中国园林的主体和骨架，中国园林素以再现自然山水景致著称于世，而掇山理水则是中国园林造园技法之精华。园博会利用现代处理手法实施掇山理水技术，提升了营造基本山水格局和微地形处理的科技含量。第四届江苏省（淮安）园博会利用真山、假山、建筑堆叠混合的方式，减轻地基压力，模拟山水环境。第八届江苏省（镇江）园博会采用真空预压技术，使江滩人工山体均匀沉降，提高安全性和稳定性。

第八届江苏省（镇江）园博会在造园技术创新上具有一定的示范意义。园博会探索实践了“江滩湿地造园”新技术应用，使江滩湿地与大众公园相互结合，通过造园技术的手法创新性将长江大堤进行景观化处理，在保证泄洪安全的基础上进行生态化处理，将博览园与生态功能相结合；为了保证江滩岸线的安全性，利用抛石技术，生态化、景观化处理滨江岸线，形成独具特色的滨江生态风貌；同时园区内景观小品等构筑物设计考虑到沿江风荷载较大的特殊性，采用栅格式设计手法，利用轻型材料，减少沉降，降低风阻，保障园区安全。

图 3-21　第八届（镇江）园博会 能降低风荷载的“扬帆”主题艺术雕塑

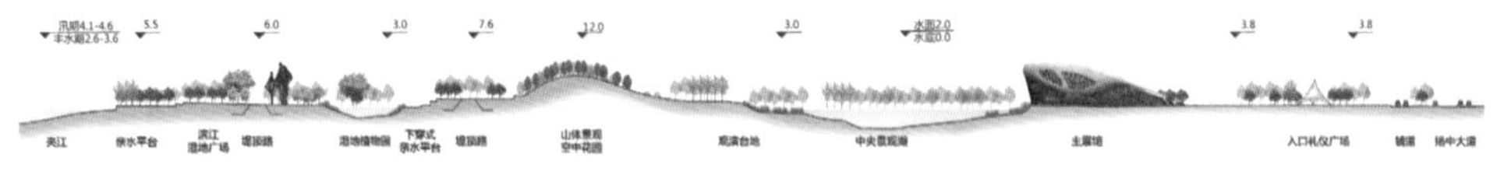

图 3-22　第八届（镇江）园博会 防洪功能与生态景观的结合
（上图：博览园景观主轴剖面示意；下图：博览园滨江湿地实施效果）

第九届江苏省（苏州）园博会在造园方面采用具有创新意义的现代造园手法，彰显吴地文化，运用绿色技术，营造具有地域性、文化性和时代性的水乡特色，建造理念超前、技艺领先、生态自然、效益持续的现代精品园林。园区采用绿色海绵技术，按照“海绵型”郊野公园的要求进行规划建设，创新性地探索海绵型园林绿地建设技术方案，强化园林绿地中“海绵”技术的自然化呈现，并通过合理的竖向设计和适生植物品种选择与配置为全省提供示范。通过室外场地建设实景，显示园林绿地作为海绵体的生态和景观效应，发挥示范和引导作用。为此，以该博览园为依托，省住建厅组织总结提炼并出台了《江苏省公园绿地海绵技术应用导则（试行）》，对全省公园绿地海绵技术应用进行指导。此外，该博览园尝试运用钢材、玻璃等现代材料建设具有古典韵味的园林和建筑，探索了“新江南风格”。

图 3-23　第九届（苏州）园博会 海绵绿地

每一届园博会中场馆建设都是集中展示行业最前沿的建筑、施工、材料技术的舞台，每一届园博会都随着时代发展的脚步在不断前行，走在行业发展的前列。第二届（徐州）、第三届（常州）、第五届（南通）展馆设计探索了温室建设技术，同时尝试智能化展示、管理方式，提升游赏品质；第四届（淮安）园博会创新性全面使用塑石材料结合建筑，并且将建筑与人造山体结合，形成“山中有馆，馆中有山”的独特展馆建筑形式；第七届（宿迁）园博会首次将主展馆分散成三组较小体量建筑，形成主展馆建筑群，构成具有园林园艺展示与服务、商业等复合功能的“展馆综合体”；第八届（镇江）园博会主展馆以扬中特色水产——河豚为创意理念，运用“定型模板”“多曲面幕墙”“钢结构加工”三项新技术，突出自然、生态、内外景观交融的设计理念，打造先进的低碳示范馆和清洁能源应用示范馆，并且首次申报“鲁班奖”；第九届（苏州）园博会主展馆在规划前期体现对会后利用进行思考，重新定位主展馆利用方向，使前期设计与运营策划相互结合，更有效衔接会后利用；第十届（扬州）园博会邀请建筑大师王建国院士，对扬州仪征的地域文化进行分析和研究，探索木结构建造技术在大型建筑上的应用，以推广绿色建造技术。

第六届（泰州）园博会博览园充分利用风能、水能、太阳能、地热等绿色清洁能源进行园林建设和管理，博览园会展中心采用了先进的太阳能技术，在屋顶设置太阳能板，利用太阳能发电并提供于展馆使用。园博会主展馆的空调系统利用了地源热泵技术，利用地热能集中供暖。

图 3-24　第六届（泰州）园博会 节能景观亭

历届园博会对景观构筑形式和结构都有技术创新，以探索更多样化的景观表达方式，对造园技术水平起到促进和提升作用。江苏省第八届（镇江）园博会博览园首次尝试使用“同步预应力双柔性斜拉杆”“预应力锚栓组合件”专利技术，成为迄今为止博览园中整体设计和施工难度最大的景观塔；博览园景观栈桥使用螺旋式结构，对景观小品的结构设计和施工提出极高要求。第十届江苏省（扬州）园博会博览园，创新性设计“双螺旋”钢结构景观塔，设计模糊了“游线”与“观景点”的界线，利用螺旋上升曲线和螺旋下降曲线构造出“双螺旋形式”，使游人在攀登期间体会步步赏景、步移景异的游览体验，景观塔与钢结构景观栈桥相互连接，其形态结构和建设难度在历届园博会中堪称首位。

图 3-25　第八届（镇江）园博会 钢结构栈桥

图 3-26　第十届（扬州）园博会 双螺旋景观塔、景观栈桥（建设中）

历届园博会博览园在设计和建设工程中，体现了园林绿化行业的步步发展过程，也体现了园林绿化设计和施工工艺水平的提升。例如环保树撑的广泛应用、大树移栽保活技术的推广、海绵技术的应用、花境和观赏草的大规模使用，这些如今已习以为常的绿化技术正是通过园博会一步步走入广大园林绿化行业，对园林绿化行业进步起到了重要作用。

园博会对园林绿化技术的促进不仅体现在公共空间，还通过与企业合作办展的方式得以发展。第七届江苏省（宿迁）园博会中，主办方与全球优秀的容器苗木生产商合作，建造企业园，打造“顶级人工群落”生态景观，展示企业研发的植物新品种，推广现代化苗木生产技术。

3. 应用新材料

园博会博览园作为园艺示范和展示平台，最终呈现的景观效果与材料选择息息相关。历届园博会都在材料选取和应用方式方面有探索和创新，不仅为后续的博览园景观设计提供了宝贵的经验，也有效促进了新材料的推广。

图 3-27　第六届（泰州）园博会 生态驳岸

图 3-28 第八届（镇江）园博会 软性钢管景观化使用

历届园博会都对生态材料和节能材料进行了探索和尝试，体现绿色文明成果，展现时代特征。以第六届江苏省（泰州）园博会为例，根据建设部提出的关于建设节约型园林绿地的指导意见，在博览园设计施工过程中，充分落实节约型绿地的理念，全面探索并示范应用生态材料应用。水岸护坡率先使用生态混凝土材料，既起到承重护坡的作用，又达到生态自然的效果；部分路面采用透水混凝土、彩色混凝土，不仅丰富了路面色彩，又解决了路面排水问题；停车场采用了生态草坪格，减轻停车场硬质化程度，增加场地生态性；此外，园区的灌溉系统利用园区自身水体作为水源，采用喷灌、滴灌、微灌等技术，充分做到合理使用水资源。

图 3-29 第九届（苏州）园博会 PVC 管景观构架

随着时代的发展，每一届园博会在园林造景表达上都推陈出新，大胆探索园林景观的新方式、新表达，以展现行业最高园林园艺设计的建造水平。博览园建设展现了现代园林行业的创新性思维，有时甚至采用材料“跨界”的方式对景观进行尝试，以探索景观材料的应用领域与应用方式。

第十届江苏省（扬州）园博会，博览园创新性应用大量新型景观材料，营造具有创意特点和时代特征的新型景观，如使用夜光铺装材料、反光材料增加“夜游园博”活动的趣味性；采用国家大力发展推广的蒸压砂砖替代部分传统铺装石材，探索新型材料在园林建设中的应用；首次将室内设计常用的彩色尼龙织带、艺术树脂板、彩色 PVC 膜、彩色玻璃等材料应用到室外景观，拓展园林景观材料的应用范围。

第八届江苏省（镇江）园博会博览园中的镇江展园，大胆采用新材料——软性环保钢管作为建筑材料进行景观设计，用软性钢管制作成的“芦苇”景观，栽种于岸边，用手轻轻碰触会发出随风摇摆的碰撞声，风吹后会发出空洞的笛声，构成如梦如幻的美好乐章。

第九届江苏省（苏州）园博会博览园的公共景区中尝试使用废旧 PVC 管、饮料瓶、塑料瓶盖等生活废弃物进行景观建设，在造景的同时，向人们传播绿色生活理念。

图 3-30　第九届（苏州）园博会 饮料瓶景观构架

在植物应用方面，各届园博会在博览园规划设计中，有意识地引用园艺新品种，以达到园艺新品种展示、应用、推广的示范性作用。

第九届江苏省（苏州）园博会的博览园在主入口首次使用园艺新品种“菊花桃”，在主展区“乡情”片区入口处使用新型园艺品种“绚丽海棠”，推广园艺新品种，取得了很好的景观效果。

第九届、第十届园博会对观赏草组合花境的使用进行了创新性研究和实践。结合台地、花海、道路、展园、片林等空间，利用观赏草形成精品花境，与目前流行的成片大尺度栽植观赏草的模式形成对比，探索观赏草在园林中的精细化使用。

图 3-31　第十届（扬州）园博会 组合花境

三、良好的互动性

（一）与城互动促进持续利用

1. 与城市发展互动

随着城市化的加速推进，城市空间快速向外拓展，从城市更新和新区建设的角度来看，城市需要园博会这个契机和动力。因此，园博会往往能成为加快城镇化进程的一个重要事件。

园博会的举办需要城市提供人流、物流、资金流，从某种程度上带动了会展、旅游、房地产等产业的大力发展，带来诸多就业机会。园博会期间相关活动的开展，提升了市民的文化素质和鉴赏水平，丰富了市民的业余文化生活。此外，园博会园林艺术的创新及新材料、新技术的应用，不仅推广了园林艺术，也推广了新的思想、新的观念、新的材料等方面。

江苏省园艺博览会走过的近二十年历程是见证各举办城市快速发展的过程，从苏中到苏北再到苏南，以园带城，以城活园，打造了众多永久性园林绿地、示范性生态空间和特色性市民公园。

2. 与旅游休闲结合

经历了精彩盛大的园艺博览会之后，博览园都不可避免地进入了后续运营模式。博览园的后续利用方式逐渐成为园博会最重要的研究内容之一。过去的二十年里，博览园的后续转型方向以休闲旅游和大众生活为主，大致分为以下四种类型：

表 3-4　历届江苏省园博会后续利用一览表

届次	地点	开园时间	转型方向
第一届	南京	2000	城市综合性公园
第二届	徐州	2001	城市综合性公园
第三届	常州	2003	主题公园
第四届	淮安	2005	城市综合性公园
第五届	南通	2007	风景名胜区中的拓展片区
第六届	泰州	2009	城市综合性公园
第七届	宿迁	2011	旅游度假区
第八届	镇江	2013	郊野公园
第九届	苏州	2016	郊野公园
第十届	扬州	2018	扬州世园会江苏展区、旅游度假区

- 转变为公园内景点

园博会召开伊始，博览园选址倾向于选择城市中已建成的综合性公园，旨在通过园博会这一园林园艺盛事对已有公园进行改造和提升。第一届（南京）、第二届（徐州）园博会博览园均选址于已有公园，在园博会期间对公园内部环境进行改造，会后城市展园片区改造成为公园内景点，加速公园提质升级。

- 依托资源，转变为主题公园或风景区的拓展区

第三届（常州）、第五届（南通）园博会选址均依托于城市现有风景资源。第三届（常州）园博会博览园选址于常州恐龙园旁，第五届（南通）园博会博览园选址于狼山风景名胜区内。丰富的景观资源为博览园提供了良好的基底条件，也为博览园后续转型提供了坚实基础。第三届（常州）园博会后，博览园依托于常州恐龙园，成功转型为主题公园的一部分，为主题公园拓展场地和空间。第五届（南通）园博会后，南通将博览园转型为狼山风景名胜区的拓展片区，增加了风景名胜区的游赏空间，提升了风景名胜区的游赏价值。

图 3-32　第五届（南通）园博会博览园建设与周边山水融为一体

图 3-33　第五届（南通）园博会博览园会后成为狼山风景名胜区的重要组成部分

• 转变为城市综合性公园

伴随着城市不断壮大，城市绿地紧缺现象越来越严重，举办园博会的目的之一也是希望可以通过这种方式扩大城市公园的绿地面积，弥补这一缺失，满足人们对生态环境的追求。基于这种需求，博览园在选址时需要前瞻性思想和眼光，放眼未来，选址于城市未来重点发展地区核心，减轻城市现有用地负担，为城市新区改造与建设架设沟通的桥梁，为城市发展注入催化剂。第四届（淮安）、第六届（泰州）园博会博览园在选址时遵循这一导向，选择城市未来重点开发区域先行建园，带动新区的建设，充分考虑到园区内部分设施对城市居民的服务功能，依托园内现有的文化、生态等资源，疏散城市中心区域人口，提升园外周边地块价值，开发市民新的生活居住区域。展会以后逐渐转换为城市综合性公园，为周边居民提供配套服务。

• 转变为郊野公园

随着生态文明建设有序进行，利用园博会这一园艺盛事带动乡村振兴，是园博会正在探索和尝试的方向。从第八届（镇江）园博会以来，博览园在选址时不再局限于城市用地，转而放眼乡村，选址于城市近郊，作为联系城市与乡村的纽带，同时带动周边乡村地区发展。第八届（镇江）、第九届（苏州）和第十届（扬州）园博会践行了这一先进的理念。第八届（镇江）园博会博览园选址于扬中经济开发区，濒临长江；第九届（苏州）园博会博览园选址于苏州市吴中区，濒临太湖；第十届（扬州）园博会博览园选址于仪征枣林湾生态园。从第八届（镇江）园博会开始，展会后博览园的利用倾向于全部保留，并将博览园转化为郊野公园，突出乡野特色，保护生态环境，成为城市外围区域绿色综合体。

3. 与园区转型适应

江苏省园艺博览会会期为一个月，在会展期间，博览园承担着园事花事活动、园林园艺展示等园事活动，在会展结束后，博览园通常会进行改造和提升，以适应后续运营的需求，同时，发挥博览园作为城市大型绿地的生态、游赏、休闲等作用。博览园改造通常有两种方向：一是整体翻新，二是局部改造。

整体翻新的改造方式出现于早期园博会，城市展园主要以临时展示的方式呈现，博览会结束之后城市展园撤离，仅保留路网与园区山水骨架格局，重新对场地进行设计调整，达到对老公园改造提质的效果。第一届（南京）、第二届（徐州）园博会博览园后续利用就采取这样的模式。

局部改造是目前倡导的博览园后续改造模式。从第四届（淮安）园博会开始，每一届园博会为城市新增一块大型绿地，会后作为永久性绿地保留，为城市增加绿量，推动城市建设和发展。在园博会闭幕之后，通常需要改造的部分为城市展园、绿地，以及主要展馆、服务设施等。

城市展园具有主题性强、临时性强、展示性强的特点，在园博会开园期间是会展最重要的组成部分。城市展园体量小而特色鲜明，在展会期间为了展示城市特色，在植物选择、构筑景观上有时会选用时效短、即时效果好、特色鲜明的硬质材料和植物品种。出于后续运营的需求，有些维护成本较高、维护难度大的材料将会在改造时进行更替，以达到既维持景观效果，又降低维护成本，并保持景观形象。

第九届（苏州）园博会闭幕后，城市展园中的蔬菜、水稻等植物品种由于管养难度大、植物季相性强、维护成本高，被更替为观赏型草本类的植物品种，尽量保持城市展园原有风貌特色，同时降低养护难度。

第六届（泰州）园博会闭幕后，园内宿迁园改造为月季花园，收集了 77 个月季品种，栽植大花月季、丰花月季、微型月季、藤本月季、地被月季和树状月季等六大类月季。结合宿迁展园原有游赏空间，将文化与植物特色相结合，营造出清幽闲适的人文环境。

第八届（镇江）园博会中，南通展园中景观廊架在会后被改造为美食售卖点，廊架下方设置快餐售卖点，廊架上层设置奶茶店，改造后的廊架功能得到拓展，从单纯的景观构架调整为功能性廊架，为游客提供了更多的休闲服务空间。

主展馆作为园博会中最核心的标志性建筑，在园博会期间具有举足轻重的作用。在会展期间，主展馆主要承担起插画盆景展示、书画摄影展示、园林园艺科技论坛、园林主题展示等功能，同时也往往是整个博览园的核心亮点之一。展会结束后，随着主题展示的结束和展品撤出，主展馆的功能也会发生相应转变。

表 3-5　历届江苏省园艺博览会主展馆功能转换情况一览表

届次	会展时间	地点	主要展馆功能转变方式
第一届	2000	南京	—
第二届	2001	徐州	—
第三届	2003	常州	舞台后台、仓库
第四届	2005	淮安	展览、仓库
第五届	2007	南通	主题游乐馆
第六届	2009	泰州	城市科普馆
第七届	2011	宿迁	大型活动场地
第八届	2013	镇江	绿色能源大会会场
第九届	2016	苏州	酒店，非遗馆保留原有功能
第十届	2018	扬州	酒店

（二）继往开来探索模式创新

1. 办会模式探索

历届江苏省园博会都注重为办会建园积累经验，主办方和各承办地均要求在办会模式上寻求突破，致力于打造创新、开放、集约、高效的园林园艺盛会。

- 创新办会

在创新办会模式上，各个承办城市强调尊重地域特征、注重彰显个性特色，不搞风格相似的园林复制，甚至通过竞赛设奖等措施，鼓励大胆创新，不断优化规划设计，使博览园成为江苏省城市园林绿化建设的新典范和风向标。如第四届（淮安）园博会在博览园建设中，深入挖掘历史文脉，高度浓缩了南通山水兼备、通江达海的地域特色，巧妙迎合了园林艺术追求的神韵风采。第八届（镇江）园博会开创了园博会主会场落户县级市的先河，选址扬中经济开发区，充分利用了扬中滨江傍水的区位特点，以大江风貌掩映绿岛风情，塑造出以博览园为核心，滨江公园、南江风光带为补充，雷公岛、西沙岛生态湿地景观群为点缀，打造独具特色的环岛“生态走廊”。第十届（扬州）园博会在博览园建设中，顺应场地地形地貌，优化山水环境，创新性营造江苏地景博览园。

• 开放办会

举办园博会没有可套用的现成模式，各承办城市靠着开放的思路、开阔的视野、开拓的魄力，广泛吸纳优质资源，致力推进多方合作，才实现了园博会品牌的外延拓展和内涵提升。

江苏省园博会坚持外向开拓、博采众长，除了全省 13 个省辖市一市一园外，还积极邀请国内外城市、单位、企业和个人参展参建，不断在参展范围和形式上实现新突破。第七届（宿迁）园博会，广泛邀请设计师、知名园林企业、国内友好城市、国际友好城市和省区等参与设计建设，多达 18 个展园。其中，宿迁市友好城市——日本南萨摩市，运用沙雕艺术，在园博园内雕刻一座主题为“鉴真东渡”的沙雕，再现了唐朝时中日交流的一段佳话，续延着宿迁和南萨摩市的深厚友谊。四川绵竹市以“感恩 · 祝福”为主题，专门建设了绵竹园，表达了绵竹人民对江苏人民的感恩之情，也展示了“5 · 12”大地震后绵竹人民奋发向上的精神风貌。

• 集约办会

博览园的建设，注重依托自然山水建设园林景观，包括植物造景、乡土树种、生态湿地等形式，充分考虑现有原生树木、山林植被、水系湿地等资源的保护利用，大量布局宿根性和自播能力强的花卉，展现植物多样性和观赏性，使园林建设与周边环境、全园景观相协调，形成和谐的生态系统。集约办会不仅体现在植物应用方面，也体现在注重节能材料运用等方面。博览园建设优先使用新材料、新能源、新技术、新工艺，大到主题建筑中地热、太阳能、风能等节能技术，小到园林小品、指示牌等反光荧光材料，再到生态混凝土、透水路面、仿木塑木材料等，都尽量使用新材料、新品种，使得每一届园博会不仅成为精彩的园林盛会，而且成为集约节约发展的典范。

• 高效办会

办好园博会，由目标定位演绎成生动现实，其背后既有江苏园博人的不懈努力，更得益于有力有效的工作机制。

江苏省园艺博览会一开始就采取申办制，通过提出申请、演讲答辩、竞争择优确定承办城市，原则上每个城市举办一届，充分调动各城市的积极性，使园博会发展更可持续、更有活力。

园博会的举办，采用一个城市承办、其他 12 个省辖市协办的形式，在江苏省园艺博览会组委会的统一组织协调下，各地各部门各司其职，各负其责，密切配合，共同推进园博会各项筹办工作。

博览园按照城市总体规划及城市综合开发的要求，科学选址，同时对建设、维护及后续利用进行统筹设计、通盘考虑。园博会总体方案经过科学编制，统一会展主题，突出整体效果，对相关城市的景点设计进行汇总、整合与协调，使各参展单位展园做到既主题鲜明、风格统一，又突显地域差异、文化特色与技术创新。

制定激励举措，有效促进集约办会。江苏省出台园艺博览会参展办法、评奖办法和评奖标准，采取专家评比和群众推荐相结合的方式评奖，鼓励创新、多出精品，增强各个城市自我展示意识，促进各项展览和园事花事活动发展。省级层面根据各地实际，在资金、政策上进行差别化扶持，城市政府从土地、财力等方面给予倾斜，形成园博会发展的强大合力。如第四届（淮安）园博会，对于淮安这样一个在当时经济相对比较薄弱的地区，举办大型的博览会，首先要解决的是如何落实办会所需要的庞大资金。因此，需在办会机制和办展资金筹措上，积极寻求和运用市场运作的方式。为此，淮安市专门成立了园林投资实业公司，在政府没有投入的情况下，通过博览园建设和环境改造使博览园周边土地增值，用先造环境后开发的方式筹措建设和办会资金，充分体现了科学经营城市的理念，也为后续运用市场化机制办好园博会积累了经验。

2. 建园模式创新

历届园博会在建园模式上也在追求创新。从第一届到第十届园博会，博览园建设的方式在不断更新，从临时性布展，到现状公园改造，到全新建园，每一届都在寻求更为合理和高效的建园途径。临时布展和公园改造更多依靠承办城市相关政府、部门以及场地管理方相互协调和配合，从而完成会展建设；全新建园的城市发展促进力度大，但需要的资金多，运作方式复杂，各个城市在主办、参与办园办展的过程中相互学习、相互启发，寻求更加适宜的建园模式。

园博会举办城市遵循园林园艺产业发展规律，积极推动展销结合，可有效推介新工艺、新产品，培育引导花木园艺消费潮流，促进产业链上下游延展，推动园博活动向消费终端延伸。在第六届（泰州）园博会上，泰州推出自衍花卉，由于其适应性较强，栽培管理简单，能延续自繁，已成为省内外园林绿化应用的畅销品种，有效拉动上游花木产业的发展。此外举办城市采取出让冠名权、广告权和接受赞助、配套服务设施经营权等形式，也是动员吸纳社会力量参与支持园博会的重要方式之一。通过土地开发、项目包装以及项目 BT、BOT 等方式，实行跨地域、跨行业融资，引导多元化投资，有利于逐步摆脱“政府投资、财政买单”模式，走出专业化市场化运作新路子。第十届（扬州）园博会在建园时使用 PPP 模式，政府与社会主体建立起“利益共享、风险共担、全程合作”的共同体关系，既为政府减轻建园的财政负担，又减轻了社会主体的投资风险，同时为后续运营做好铺垫。

3. 布局模式优化

博览园的规划布局受会场自然条件、区域交通、办会主题、后期开发利用等综合因素的影响，并没有一个固定的模式，故其前期调研、主题立意和规划构思是完成一个科学、合理的总体布局的先决条件。

每一届江苏省园博会博览园都会对规划布局进行延续和创新。根据场地条件和理念主题，总体布局主要呈现以下几种模式：

- 以提升环境为主组织空间

第一届（南京）和第二届（徐州）园博会主要依托已有公园进行布展，博览园对于公园的主要作用在于提升空间环境，推动公园提质增效。园博会为公园改造引入先进的造园理念和思想，同时结合展示需求，提升公园配套服务设施，带动公园以及周边地区发展。第三届（常州）园博会博览园选址于常州中华恐龙园二期，作为主题乐园的拓展空间进行规划和建设，博览园在规划设计时结合主题公园已有场地，从功能和景观上充分与其做好衔接，有效提升了主题公园的景观环境和绿化空间品质。

- 以山水骨架为主组织空间

对于山水资源丰富、山水特色突出的场地，总体规划布局以融合自然山水骨架与博览园会展要求为重点，将博览园功能空间和景观空间与自然山水格局相互交融，因地制宜地利用原有地形进行功能布局。如第五届（南通）园博会博览园充分尊重现场山水格局，将功能分区、景观分区与山（黄泥山、马鞍山）、水（长江）、园（滨江公园）相互融合和串联，提升狼山风景名胜区风貌和环境，强化博览园山水特色。第四届（淮安）园博会则根据史料记载，重塑钵池山山水构架，营造依山傍水的山林景观。

- 以功能分区为主组织空间

第六届（泰州）、第七届（宿迁）园博会博览园的规划方案对展园后续功能进行了明确定位：第六届（泰州）园博会博览园将转变成城市中央公园，第七届（宿迁）园博会博览园将转变成骆马湖畔具有休闲度假旅游功能的休闲主题公园。明确的功能定位对博览园总体布局起到了主导作用。以第七届（宿迁）园博会为例，为对接后续利用，博览园的主入口服务区、滨水文化广场区、造园艺术展区、湖滨生态体验区、展销服务街区、中心水景区等功能片区既满足了园博会展会要求，又能有效衔接后续利用，为后园博运营打下基础。

- 以特色展示为主组织空间

从第一届到第十届，园博会总体布局模式一直在更新和发展，对于地貌环境特征鲜明的场地，博览园在总体布局时强化空间特色，明确景观主题，尝试创造更有特色的空间环境。如第八届（镇江）园博会博览园选址于长江湿地江滩，博览园空间布局依据扬中地域文化的十大主题景观，形成“沙与水的神话”等十个景观篇章，塑造滨江湿地公园的整体景观风貌；第九届（苏州）园博会博览园地处吴韵水乡苏州市吴中区临湖镇，博览园在规划设计时将太湖江南特色融入其中，以“印象江南”“诗画田园”“写意园林”“情自太湖”四大特色片区统领全园，营造诗情画意的新江南景观风貌。

展园布局则根据总体布局模式的特色而发生变化，在十届园博会中，展园布局模式也是一直在探索的课题之一。

• 传统摊位式

第一届（南京）园博会作为江苏省首届园艺博览会，采用较为传统的展园布局模式，城市展园按照序列临近排列，最终呈现“万紫千红”的展园面貌，旨在展现各个城市的特色。

• 分区溶解式

随着园博会的发展，展园布局方式也有了进一步优化。从第四届（淮安）、第五届（南通）园博会，城市展园开始寻求与总体布局相互协调统一的布局模式，逐渐形成展园组团，并对展园主题进行控制和引导，使城市展园既体现了城市特色，又能与博览园总体风貌相互统一。

• 组团混合式

随着时代的发展，博览园规划设计水平不断进步，展园和公共景区的衔接更为紧密。第九届（苏州）园博会创新性提出“织补空间”的概念，城市展园不设明显界线，在城市展园外围通过绿化的方式与公共景观自然交融，形成溶解式边界效果，同时在展园主题控制引导方面要求更加细致和明确，为城市展园设计提出新的思考角度，激发城市展园创新，严格控制展园风貌，保证城市展园与整体风貌更加统一、协调、可控。第十届（扬州）园博会中，城市展园以江苏文化为主题进行分区，同时结合江苏特色地形地貌，使展园与公共景观更加融合。

根据不同的场地特征，博览园交通组织方式也随总体布局分为线性组织、环形组织和环网型组织三种模式。

• 线性交通组织

如第七届（宿迁）园博会博览园的场地以骆马湖为核心，在湖滨形成带状空间，强化滨水界面布局，道路以线性方式形成多条轴线空间，沟通水系与博览园之间的交通联系。

• 环形交通组织

环形组织的道路交通形式主要出现在以大型水面或山地为核心的总体布局中。如第四届（淮安）、第六届（泰州）园博会，博览园以大型中心水面为核心，主要道路呈环形绕在中心水面布局，功能空间、展园、展馆也随之布局于中心水域周边。环形交通组织将各个功能片区和景观片区相互串联，形成更加便捷的游赏环线。

• 环网型交通组织

环网型道路组织更加贴合复杂的博览园总体布局，有利于营造出更为自然的景观空间，总体形成环路，方便组织游线，组团内部形成小环线或线性交通结构，布局方式比较灵活，有利于处理各个片区之间的关系。如第八届（镇江）、第九届（苏州）、第十届（扬州）园博会，均采用环网型道路布局方式，营造更为灵活的空间架构。此外，博览园还增加水上游线、空中栈桥等设施，丰富景观效果，增加游赏体验。

传统的博览园以电瓶车与步行相互结合的游览模式，形成快速游览线路和步行游览线路，博览园的交通组织也依据传统游览方式进行组织布局。随着游客对游赏需求的提升，博览园的游览组织也在探索新的方向。以第九届（苏州）园博会为例，在园博会开园期间，主办方根据游人特征和游览兴趣，总结出不同特色的游园路线，供游客参考，包括“苏州文化体验线”“园林花艺建筑爱好者线”“学生春游线”“漫步城市展园线”等，为游客提供丰富的游线选择，提升游览体验。

（三）求教于众永葆办会生机

1. 突出惠民导向

经过了多届的实践探索，江苏省园博会逐渐形成了一套卓有成效的管理机制和运营模式，以惠民为导向，使场地能够更好地发挥土地价值，实现博览园向大众公园转变，持续放大园博效应，为百姓服务。

• 项目开发注重市场化

园博会具有节事性属性，会展期间人流量

较大。会展结束后随着客源结构和数量的改变，节事性色彩褪去，博览园需要引入新运行方式才能实现更多的会后利用价值。在多年摸索中，各市博览园运营机构逐渐找到转型经营方向：以项目开发聚集人气，以活动举办注入生气，以文化植入增加灵气。根据场地情况和市民、市场需求，引入互动、休闲、娱乐、康体等不同类型的旅游项目，结合博览园特有的园艺文化空间，营造具有活力的公园，在取得较好经济收益的基础上也增加了社会效益。同时，合理利用园博会留下的场馆和特色绿化空间，延续园博会积攒的热度，持续举办园事花事活动，并结合特色节庆活动举办艺术节、文体大赛等活动赛事，为公园增添人气。

- 绿化养护注重节约化

展园和绿地是博览园重要的景观资源和特色空间，博览园养护过程中以节约型技术为支撑，降低养护成本，提高养护效率。以第六届（泰州）园博会博览园为例，会后博览园更名为天德湖公园，公园在绿化养护工作中探索出一条“变废为宝、以苗养园”的园林养护发展道路。一方面利用树木修剪后的废弃枝条进行扦插，扦插成功的苗木结合植物生长周期，对园区空缺位置进行补栽，以降低苗木购买成本；另一方面利用废弃树枝和杂草进行肥料沤制，在减少占用垃圾填埋场库容的同时实现绿化资源的循环利用，提高博览园循环经济效益。

- 服务窗口注重规范化

服务人员是公园的形象代表，博览园在后续经营过程中注重对窗口服务人员仪容仪表、接待礼节、服务技巧等的礼仪培训，充分学习和借鉴其他公园的先进管理经验，并结合自身实际情况，制定服务人员管理规范和工作标准流程，确保公园管理实施到位。

- 园博运营重注大众化

园博会后续运营情况的好坏决定了园博会的生命力，合理有序的后续利用方式能够强化园博效应，使园博会的意义更加深远，发挥园博会最大化的功能效果，持续延伸园博精神和理念，从而推动整个园林绿化行业进步，为城市发展注入活力和动力。

在园博会闭幕后，博览园经过转型、提升，进而重新开放。重新开放时，根据博览园新的定位和发展方向，采用免费或门票制入园。目前泰州、淮安、宿迁的博览园转型为市民公园，采用免费入园的形式；南通、镇江、苏州博览园门票价格为20~50元不等。从第四届（淮安）园博会开始，每一届园博会在会展结束后都在探索合理的运营方式，力求使园博会精神薪火相传，永不落幕。

表3-6　博览园后运营情况汇总表

届次	地点	门票（元）	游客量（万人次/年）
第四届	淮安	免费	-
第五届	南通	22	-
第六届	泰州	免费	100
第七届	宿迁	平日免费	55
第八届	镇江	30	33
第九届	苏州	50	42

注：淮安园博会后续作为市民公园免费开放，游客量无法测算；南通园博会后续与狼山风景名胜区共同运营，游客量无法测算。

表 3-7　园博会后续运营定位及游客统计表

届次	地点	具体位置	后园博定位	游客类型
第四届	淮安	钵池山公园	城市综合性公园	本地市民为主
第五届	南通	狼山风景名胜区	风景名胜区	本地市民 80%+ 外地游客 20%
第六届	泰州	周山河街区	城市综合性公园	本地市民 90%+ 外地游客 10%
第七届	宿迁	湖滨新城	旅游度假区	本地市民为主
第八届	镇江	扬中滨江新区	郊野公园	本地市民 90%+ 外地游客 10%
第九届	苏州	吴中临湖镇	郊野公园	本地市民 60%+ 外地游客 40%

2. 融入大众生活

城市的大型活动历来都是聚集人气、烘托氛围、激活区域的社会大事件，作为城市事件的园艺博览会虽然包含一些专业类展览，但园林艺术毕竟还是一个贴近自然、贴近生活的艺术形式，在游客的游览过程中，有大量主动、被动信息的传达，因此与大众的互动性是园艺博览会的重要特性之一。

一方面，江苏省园艺博览会的平台让大众看到了江苏园林艺术的时代成就，了解了中国传统园林的继承与发展状态，也接触到国内外先进的理念、技术和材料，让全社会关注并了解了宜居生活环境建设、可持续发展和生态环保的重要意义。而且，让大众有了能更多亲近自然的机会，能带给他们更多的共鸣，形成更健康的生活方式，为他们留下更多的绿色财富。

另一方面，大众作为最终的鉴赏和评判对象，他们寻求一种归属感，一种参与感和某种生活记忆。大众对园博会有期待，有诉求，有赞赏，也有鞭策，这些都成为江苏省园艺博览会探索、创新的原动力。

因此，历届江苏省园艺博览会强调求教于众，倾听民众声音，通过各类园艺科普、互动活动的举办，走社区、进校园、办学堂、做讲演，让大众了解园博会；通过庭院绿化展、城市阳台展、家庭插花课堂等多种形式展示示范，让大众体验园博会。通过江苏省园艺博览会，园艺已经成为大众的一种生活内容、生活追求和生活方式。

以第六届（泰州）园博会为例，园博会闭幕后，博览园改称为“天德湖公园”，作为市民公园免费向公众开放，成为泰州市主轴上的绿核，泰州最重要的核心绿地之一。公园保留了园博会期间的建设成果，继续向市民展示江苏园林地域特色和人文内涵。园东部区域主“动”，西部区域主“静”。“静”区体现了江苏省 13 个城市风貌特征的主题展园、扬派盆景园和科技馆，13 个“飘浮”在水面上的城市展园以文化交流和科普教育为特色，突出静态休闲、节能环保理念，取意“山水画”的神韵构思主题，由诗意传画境，强调景观的自然情趣和精神体验。“动”区主要分布在天德湖东侧，会后增加了娱乐休闲项目，以观赏荷花、体能拓展、野外烧烤、户外钓鱼、沙滩运动、水上乐园、真人 CS 体验等休闲娱乐功能为主。园博会闭幕之后，天德湖公园的园艺活动并未随园博会闭幕而落幕，反而更加丰富多彩。2016 年到 2017 年，天德湖公园开展了“菊花艺术展暨家庭园艺展示”活动、“泰州市第二届蕙兰展”“金秋菊展”等园事花事活动。此外，公园还承办了“全国大学生沙滩排球大奖赛”“天德湖 · 鸟主题摄影展”“天德湖公园风筝节”“新春拜年演出”等文体活动。公园在后续运营中不断提升互动性和趣味性，为打造生态性、公益性、经济性的开放式公园奠定了基础。同时，天德湖公园对周山河街区整体规划建设，完善城市功能，创建国家园林城市，提升城市园林、旅游、生态品质，都起着极大的推动作用。

3. 注重互动体验

园博会是“人”与“园”的盛会，无论是在园博会期间，还是会后转型为城市公园，都十分注重与游客的互动体验，这种互动不仅存在于室内展示中，也存在于室外景观和丰富的互动活动中。

第十届（扬州）园博会在规划设计阶段，策划了许多互动游览设施。博览园在民俗村北侧规划了一片“童乐园”空间，着重表达园林与大众生活之间的关系，展现园林中的“百变生活”。园中设置“广场舞空间”“阅读空间”“社交空间”等与大众生活息息相关的生活空间；此外，还设置众多互动设施，提升游客游览体验，丰富博览园的趣味性与内涵性。

在园博会闭幕后，博览园在后续运营中同样重视互动性的营造。第九届（苏州）园博会精彩圆满落幕后，博览园经过 4 个月的调整与提升，于 2016 年 9 月重新开放。走入后园博时代的博览园更名为“太湖园博”，按照“园艺精品园、生态优美地、文化展示区、旅游新景点、市民好去处”的要求，对博览园重新定位，转型为太湖之滨的郊野公园。博览园将原本的江南园林风格提升为苏式生活风格，改造提升了园林览胜、园艺疗养、文化休闲、特色餐饮、亲子娱乐等功能，再次实现“让园林园艺走向生活”的园博会办会理念，给市民提供了一个太湖边可游、可赏、可学的公园。2016 年 9 月再次开园后，已举办了“园博园 · 太湖园趣节暨首届国际气球节”“环太湖国际竞走和行走多日赛”“园博过年 · 跟着非遗去白相”寻春游园大会、“苏州评弹曲艺名家元宵展演”“太湖园博园樱花节”“中国太湖百合节”等多种类型的活动，博览园转型为“太湖园博”后，不仅为苏州增添了一处靓丽的风景，也成为苏州一个重要的旅游新品牌。

图 3-34　第九届（苏州）园博会 后续运营精彩活动

第四章

园博效应

江苏省园艺博览会始终坚持以传承文化、彰显特色、树立品牌、放大效益来保持其活力与生命力，发挥了以点带面的“蝴蝶效应”，其博览园建设及造园艺术展不仅为承办城市留下一座座精品公园，更重要的是为风景园林健康发展积累了丰富的实践经验，有力推动了江苏省风景园林事业的科学发展；同时，江苏省园博会反映了江苏省在城市人居环境改善与城市生态环境优化中的新理念、新实践，对城市发展产生了积极的影响，是示范引领的风向标；园博会更是江苏省向百姓展示园林艺术文化、传播绿色健康理念和推广绿色园林园艺技术的重要品牌，赢得了社会各界的广泛好评。

江苏省园艺博览会一届比一届办得好，一届比一届丰富多彩，受到城市居民的欢迎和社会各界的关注。住房和城乡建设部《建设工作简报》专刊向全国推介江苏省园艺博览会的成效：“江苏园艺博览会不仅达到了园林艺术交流和社会推广的目的，还为主办城市留下了一个永久的大型城市公园，带动了城市的新区建设和人居环境改善，为当地居民增加了休闲休憩的佳处，真正使园林、园艺成为服务大众的公共艺术。江苏省园艺博览会其实践探索难能可贵，丰富经验值得珍视。”

江苏省园艺博览会秉承“探索、创新、示范、引领”的宗旨，不断放大“园博”效益，从更高层面引领江苏省风景园林行业的未来发展，为建设“强富美高”新江苏做出了重要贡献。

一、促进行业发展

历届江苏省园艺博览会追踪国家有关风景园林事业发展的最新政策，同时密切关注江苏风景园林工作的难点与热点，坚持政策和问题导向。江苏省园博会是江苏省园林园艺行业最高水平的展会，致力于全面展示现代园林园艺发展成果和绿色科技水平，充分体现新品种、新材料、新工艺、新技术在园林绿化中的作用，积极探索现代园林建设方式，引导激发全社会对和谐人居环境的关注与追求，记载着江苏省园林园艺的发展轨迹。

每一届园博会的探索与创新都为风景园林事业的健康发展提供源泉和动力，得益于江苏省园艺博览会对行业的促进作用。“十三五”期间，江苏省已拥有“国家生态园林城市”3个，“国家园林城市”21个，“国家园林县城”5个，“国家园林城镇”13个，“省级园林城市（县城）”15个，成为全国第一个“国家园林城市”省辖市全覆盖的省份。

【媒体链接】我们是从事园林行业的，听说这里举办园博会，特地来学习学习，我觉得这次园艺展相当漂亮，无论是室内还是室外的园艺，都表现得现代、艺术、专业，紧紧跟上了时代潮流，充分反映了当前世界时尚还会园艺的表达方式。（《宿迁日报》）

（一）推动行业进步

每一届园博会，都是一次探索、一次交流、一次进步，不仅提升了园博会的品质，更提升了园博会的影响力，不断赋予园林园艺事业新的理念、新的气息，促进了各地在城市发展中对城市人居环境、城市风貌的普遍重视，有力地促进了全省园林园艺行业整体水平的提升，使江苏省风景园林工作始终处在全国领先地位。

1. 提高办会能力

江苏省园艺博览会是全省 13 个城市共同参与的大型节会，每一届的园博会的成功举办都是全省各城市之间密切配合，各地各部门各司其职、通盘合作、共同努力的结果。在这期间，不仅给承办城市提供了办会建园的机会，更提高了省市行业各相关管理部门筹办大型展会的组织协调能力，同时也考验了应对大型会展的工作机制。经过一届届园博会组织筹办的锻炼，江苏省也将有更多的理由和信心举办更多大型会展活动。

园博会的主办城市除完成自身的建设任务，还担任着为参展城市提供工程服务的任务，同时还要组织安排建园造园活动。建设工作时间紧，任务重，为此必须认真科学地安排，合理调度，在时间紧张的情况下，充分利用时间，才能保质保量完成建设工作，大大锻炼并检验了各城市组织建园办会管理水平。如第二届江苏省园艺博览会东道主徐州在办展过程中，涉及施工单位 20 多家，管理建设合同 60 余份。既有与局属施工单位的协调，也有与参与城市施工的协调，同时，还有与市政、邮电、规划、建设、宣传部门间的协调。没有良好的团结协作精神，就难以组织博览园的建设。第四届（淮安）园博会预计 18 个月的建设周期，实际仅用了 8 个月的建设时间，总面积 110 公顷的主会场，几乎是“平地拔起万丈高楼”，10 项创新且富有时代感的园事花事活动如期举行。会展期间共接待全国各参观代表团队计 260 批次，游客 50 万余人，大大考验了城市建园办会能力和大型活动接待管理能力。

图 4-1　第九届（苏州）园博会开幕式

图 4-2　第九届（苏州）园博会大大考验了城市的办会能力

随着园林行业的发展，PPP 模式的推广，市政园林项目中 PPP 模式占比明显提高。在历届园博会博览园建设管理过程中，第十届（扬州）园博会是江苏省率先尝试 PPP 工程总包模式建设的园博会。行业内大公司已经开始由园林施工企业向优质管理、技术和品牌输出转型。通过运用现代项目管理的理论和方法，对园林工程项目进行管理，并以专业技术和企业品牌进行辅助，使项目协调交叉工作少、设计变更少、工期缩短，从而更好地满足施工要求。

2. 促进行业交流

江苏省园艺博览会坚持外向开拓、博采众长，不仅通过举办高层次园林园艺科技论坛，开展深入学术研讨和交流，使园博会成为运用和示范现代园林科技的平台，促进了行业内交流与共享，更通过园博会的平台将国内外园林园艺大师聚集一地，促进了城市之间、国内外的交流与共享。除全省 13 个省辖市一市一园外，园博会还广泛邀请国内外城市、企业和个人参展参建。

第七届（宿迁）园博会，已经发展到包括设计师、知名园林企业、国际友好城市、国内友好城市等参建的 18 个展园。宿迁市友好城市——日本南萨摩市，运用闻名于世的沙雕艺术，在园博园内雕刻一座主题为“鉴真东渡”的沙雕，再现了唐朝时中日交流的一段佳话，续延着宿迁和南萨摩市的深厚友谊。四川绵竹市以“感恩 · 祝福”为主题，专门建设了绵竹园，表达了绵竹人民对江苏人民的感恩之情，也展示了“5 · 12”大地震后绵竹人民奋发向上的精神风貌。第九届（苏州）园博会邀请国际友好城市建园办展，为大家呈现了加拿大维多利亚园、意大利威尼斯园两个国际友城展园，让中、西方园林在苏州深情对话，共同交流造园方式，探讨办展模式，探讨生态园林内涵。

也正是在江苏省园艺博览会的推动下，全省整体园林园艺水平得到了很大的提升，才使得代表全省水平的江苏展园“忆江南”能在第九届中国（北京）国际园林博览会这样的国家级博览型公园的行业交流中获得全部四项大奖，扩大了江苏造园在全国的影响力。

【媒体链接】江苏省参展的“忆江南”荟萃了江南名园经典景观和造园技法，是迄今为止

图 4-3　第九届中国（北京）国际园林博览会江苏展园“忆江南”荟萃了江南名园经典景观和造园技法

我国北方最大的江南园林。闭幕式上，住建部通报表彰了第九届中国（北京）国际园林博览会先进城市、单位和个人，组委会颁发了优秀参展作品的各类奖项，江苏省参展工作获得多项殊荣，江苏省人民政府荣获突出贡献奖，南京和苏州市人民政府获得特别成就奖。（搜狐网）

3. 扩大行业影响

江苏省园艺博览会的举办不仅促进了行业内部的交流，更向大众揭开园林园艺的神秘面纱，扩大了行业的影响力，引起了社会各界的关注。第二届（徐州）园艺博览会在筹办过程中就受到了大量市民和企事业单位的热情关注，园博专题网页点击次数达 1.8 万次，在省园博会建立初期，扩大了园林绿化行业的影响力。第三届（常州）园博会，毗邻恐龙园新建博览园，探索了现代园林与主题公园结合发展的新模式，通过“园博会 + 主题公园”的形式向更多人群推广宣传行业高水准盛会。第四届（淮安）园博会举办了彰显水文化的主题活动，并将传统活动向精品活动转化，拓展了会展活动类型和空间，吸引了农林、邮电、体育等多行业多部门的参与，进一步拓展了园博会的影响力。

图 4-4　园博会吸引了行业外各界人士的关注

图 4-5　第三届（常州）园博会探索城市现代园林与主题公园结合新模式

（二）提高造园水平

江苏省园艺博览会始终坚持高水平、高起点、高品位的目标要求，探索景观特色表达新模式，具有“主题鲜明、探索创新、交流示范、引领提升”的总体特征。通过规划设计竞赛、展园建设评奖等激励措施，鼓励结合地域自然条件与文化，创作个性鲜明、技术先进、艺术发展、特色彰显的造园艺术作品，为城市公园绿地建设提供示范。每一届园博会都将专业性和群众性、艺术性与示范性相结合，自然与人文、传统与现代、科技与艺术相交融，进行统一规划、精心设计、精细施工、精致布展。

1. 提升规划设计水平

江苏省园艺博览会广邀省内城市甚至是各市县级市参与建园，邀请大师、友好城市共同参与，这种参展范围不断拓展共邀众多名家在此同台献艺的展陈机制，展现了丰富的现代造景新形式与新手法，实现了造园技艺的推陈出新、传承发展。

图 4-6　第九届（苏州）园博会造园技艺的推陈出新、传承发展

可以说，每一届园博会都是一次办会建园更高水平实践的过程。在规划设计上，强调尊重地域特征、彰显个性特色，不搞风格相似的园林复制，而是通过竞赛设奖等措施，层层筛选，鼓励大胆创新创意，积极运用现代造园形式，使博览园成为江苏省城市园林绿化建设的新典范和风向标，也为规划设计团队提供了设计方案切磋交流的机会。如第九届（苏州）园博会博览园总体规划方案通过国际招标的方式和数轮的方案比选，最终确定中标设计单位进行总体规划设计；第四届（淮安）园博会，请来了国际园艺组织代表的参与，举办了国际园艺高层学术论坛，还首次举行了绿色城市市长宣言仪式，广邀各界人士参与到这场盛会中，与社会各界人士探讨交流园林园艺行业的发展。

各城市展园及专题展园的建造及设计方案在业内资深专家评审中让设计单位和设计师共同学习、步步精进，提升了规划设计水平；建园过程中，各城市的施工团队更是在共同协作、互相交流中提高了建造施工和管理水平。

图 4-7　园博会邀请院士、大师参与方案评审

图 4-8　园博会邀请行业经验丰富的专家参与园林园艺论坛

2. 提高园林园艺建设水平

园博会的实践普及了新知识、新技术，培养了队伍，交流了经验，推进了地方行业的发展，特别是使得一些原先基础较薄弱的城市园林绿化建设能力和水平得到明显提升，节约型、生态型建设技术得到普遍运用。

同时，园博会的发展是江苏省探索园林绿化行业精细化施工的过程，也是江苏省园林绿化行业发展的变革过程。起初各园林绿化企业工程质量水平参差不齐，随着建园造园的兴起，通过园博会的大舞台，各企业锻炼了队伍，精细化施工和管理能力不断提高，为各公共区域景观、城市展园、设计师园、专题展园带来了不同风格、特色的精美的园林作品。

历届园博会在建园过程中，通过对施工队伍严格定期考核，建立起以监督为基础，一般管理人员、专业技术人员直至质监部门参与的严密的质量保证体系，监督、质检人员始终在一线进行检查监督，细致检查每一个施工环节，使参与到园博会建设的施工企业的水平也得到快速发展，同行业竞争不再仅仅以价格作为衡量标准，而是转变为包含品牌、工程质量、规模及服务能力等多方面指标的园林绿化企业综合实力，各施工单位的整体造园水平也在实践和学习中得到成长。

图 4-9　园博会邀请行业资深专家对建设现场进行指导

（三）推动园林科技成果转化与运用

每一届园博会都坚持把传播新理念、探索新思路、运用新技术作为办会办展的重要指导思想，是展示现代园林科技成就和技术成果的平台，对城市园林绿化建设有理论和现实的指导意义，有很好的引导和示范作用。很多在园博会中取得的成果，在园林绿化行业中、建园造园中得到推广，推进了现代园林园艺科技成果的转化运用。园博会已经成为展示现代园林园艺发展成果、推广绿色科技的重要窗口。

1. 推广新材料、新品种的应用

江苏省园博会展示并推广行业发展最新成果和绿色科技新水平，倡导新设计、新品种、新技术、新材料、新工艺。如第六届（泰州）园博会的主体建筑推广并应用了地热、太阳能、风能等节能技术；第八届（镇江）园博会引入数百种园艺植物新品种，园林小品及配套设施应用了软性钢管新材料营造自然景观风貌；第九届（苏州）园博会应用了生态透水混凝土、透水路面、屋顶绿化技术、特色观赏草等新技术、新品种等。历届园博会都广泛运用新的绿色科技成果。

【媒体链接】记者从第七届（宿迁）园博会召开的新闻发布会上了解到，将有 304 个植物新品种亮相园博会，一批从国外引进的植物最新品种和十多种植物栽培新模式，将令人耳目一新。（新华报业网）

图 4-10　第七届（宿迁）园博会展示、推广大量蔷薇科新品种

2. 推广乡土适生植物应用

园博园通过与乡土适生植物相关科研机构的合作，加强了对适生植物品种的选育、示范工作，使得园博园成为适生植物及宿根自衍花卉的推广基地。

第四届（淮安）博览园，以植物造景、乡土树种、生态湿地为主，因地制宜布展宿根性和自播能力强的花卉，展现了丰富的植物多样性与观赏性，成为现代生态园林建设的典范。建园期间，组织团队对场地现有直径在 10cm 以上的大树逐一调查、登记、标记，与大树的产权人签订保留收购协议，园内 4 900 株大树、15 公顷湿地、近 3 公顷片林得到了有效的保护和景观延续，成为博览园的一大财富。保留乡土树种的同时还引进 200 余种新的植物品种，包括 10~15 米高、枝干粗大的落叶乔木刺楸，树形美观、冠如华盖的七叶树，风云婆娑、青翠欲滴的雅竹等，大大地丰富了园博会的植物景观。

除此之外，淮安还将宿根、自衍花卉应用于城市园林绿化中，采用错季栽种、全季观赏模式，通过自衍花卉构筑丰富的植物序列景观，开花时形成夺人眼球的道路景观， 花谢后也不影响整体效果。淮安宿根花卉自衍花卉的应用，形成了独具特色的城市风貌，为城市增加了亮色，让城市焕然一新，有效提升了城市品质，形成了独具特色的城市风貌，春季秋季到公园去看花已然成为淮安市民的风尚，获得了社会效益与生态效益的双丰收，并在全国起到引领示范作用。在 2007 年建设部组织召开的全国节约型城市园林绿化经验交流会上淮安作典型发言，对自衍花卉应用进行推广。

第五届（南通）园博会在保留原有各类乡土植物 3 万株的基础上，新栽植品种优良、生态优美的植物 266 种，新增乔木 6 500 余株，各类灌木、宿根花卉 96 万多株，水生植物 2 万余塘。

第六届（泰州）园博会，运用生态新技术和乡土树种、自衍花卉新品种、在新的城市中心区建设了占地面积达 105 公顷的大型乡土植物园，集中展示了 200 多种自播自繁、抗旱能力强的宿根花卉、地被植物和乡土树种。

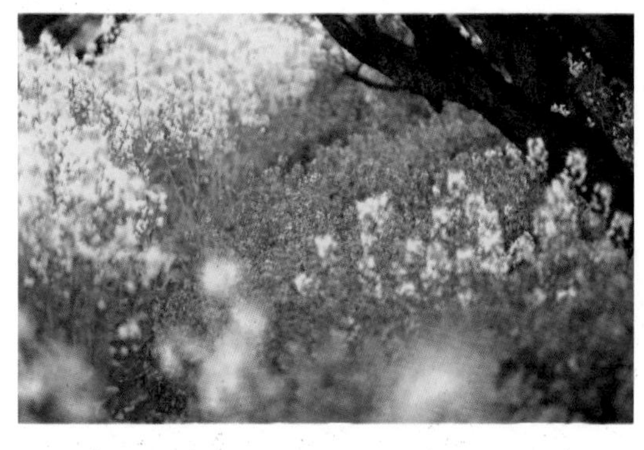

图 4-11　第四届（淮安）博览会推广应用自衍花卉（应用于柳树湾公园林下空间）

图 4-12　第六届（泰州）园博会保留大量原有乡土植物

二、改善人居环境

经过了十届园博会的探索与实践，江苏园博品牌对于江苏省人居环境建设做出了巨大贡献，已成为引领生态环境建设、推动园林绿化建设的重要抓手；成为丰富城市绿地空间、加速城市更新、提升城市景观风貌的重要载体；成为拉动园林规划建设、园艺花卉苗木、现代休闲旅游等服务业发展的重要引擎。

（一）引领生态环境建设

江苏省园博会提倡的生态系统观和现代环境理念，倡导人、自然、环境和时代互相融合发展。在园博会的实践过程中，生态环境建设的理念影响并发展了当代园林绿化的建设理念。

1. 推广自然生态理念

江苏省园博会创办伊始，江苏省即提出了“自然生态”的规划建设理念，历届园博会始终将自然生态理念贯穿于办会实践过程当中，强调保护与改善人居环境、协调人与自然关系、促进社会和谐的发展观。

第二届（徐州）园博会在江苏省园博会举办初期，就以生态园林为主题特色，反映时代特色。正是在江苏省园博会自然生态理念的促进和影响下，徐州将在 2018 年申办中国国际园林博览会，将实景展示“城市双修”最新成果。将徐州东南吕梁山片区作为园博会拟建园址，重点围绕三个采石宕口的生态修复，在结合宕口地形地势进行点缀复绿的基础上，依托宕口构建植物温室、生态展馆、遗址花园，营造奇特的宕口风情风貌，向国际社会实景展示徐州市在生态修复治理方面的最新研究成果和实践做法。第八届（镇江）园博会，充分发挥博览园毗邻长江的区位优势，建设大型滨江湿地生态园林，为江苏省滨水地区生态修复与景观营造探索了新路径。

园博会将原本几乎被百姓遗忘的城市边缘地块建设成为城市的绿色地标，并通过现场绿色基础设施的构建示范，引领了自然生态的建设理念，宣传了绿色开放包容的城市精神。第十届（扬州）园博会举办地仪征拿出占市域面积四分之一（68 平方公里）的枣林湾生态园区为生态“留白”，为广大市民留下一片好山好水，为原本产业品质、创新转型内涵彰显不够的仪征，提供了升级绿色产业、释放生态红利的大好时机。

历届园博会对自然生态理念的推广，也影响带动了一批城市公园建设贯彻实施生态理念。例如南通如皋龙游河生态公园，尊重自然基底，践行低碳建设理念，倡导生态修复，注重海绵型公园建设。公园顺应场地地形地势，运用透水铺装、下凹式绿地、雨水滞留湿地、生态草沟、植被缓冲带（湿地）等技术，最大限度地实现雨水的蓄存、渗透和净化，并模拟自然状态下的河流生境延续龙游河的生态廊道功能，构建起以生态为核心的公园骨架，将场地拆迁产生的建筑垃圾作为园路建设的基础垫层加以利用，力促节约型园林的营造。在成功

图 4-13　第十届（扬州）园博会为枣林湾生态园保存了大量的生态“留白”区域

图 4-14　南通如皋龙游河生态公园修复前后对比

图 4-15　南通如皋龙游河周边的人居环境得到显著改善

图 4-16 第二届（徐州）园博会博览园成为城市绿核

解决龙游河水体滞流、复氧能力差、淤积严重、腐烂黑臭等现象， 减少龙游河水体污染源等的基础上，将生态公园与龙游湖风景区、主城区内外城河等城市水体融会贯通，增强了内外城河生态调节功能，确保了水系连通融合，构建了“南引北排” 的水系格局，使城市水系得以循环流动，切实改善城市水体环境质量。

2. 促进绿地系统构建

园博会在保护生态基底的基础上，尊重自然山水脉络，为城市提供弹性生态空间，促进并强化城市绿地与城市外围山、水、林、田、湖等各类生态空间的衔接，将自然要素引入城市，构建城乡一体、内外有机联系的绿地生态系统。

徐州借力园博会举办，完善绿地系统构建，以国家园林城市标准要求全市的园林绿化工作，对徐州创建国家生态园的城市起到了强有力的推动作用。选址于城市新区的第六届（泰州）园博会，强化核心绿地功能，提供多样化绿地空间，形成城市绿核，不仅促进了新城区建设，也为泰州创建国家园林城市创造了积极条件。第五届（南通）园博会博览园建成后进一步优化了狼山及滨江周边生态环境，拓展了城市生态绿地与景观空间，促进了南通滨江结构性生态廊道的建设，同时丰富了城市滨江生活岸线，提升了人居环境和城市品位，提高了狼山风景名胜区知名度和美誉度。

图 4-17　第五届（南通）园博会博览园促进了城市结构性生态廊道的形成

3. 推行节约型绿化机制

江苏省园博会始终推行节约型绿化机制，把生态低碳技术、乡土特色塑造、节能材料运用融入博览园建设，如科学布局草坪、广场，避免大水景大喷泉，避免滥用名贵植物和高档石材，提倡并推广资源循环利用体系建设，降低建造及养护的成本。

第四届（淮安）园博会，将园林要素与地域文化有机融合，在城市中心区建设了占地面积达 110 公顷的大型城市湿地公园，探索了节约型园林绿化建设新路径。第五届（南通）园博会博览园无论是从造园艺术的表现上还是从施工工艺上，都较好地践行了绿色、节约、生态、环保、科技的规划理念。第六届（泰州）园博会会展中心利用太阳能技术，在屋顶设置太阳能板，利用太阳能发电并提供展馆使用；主展馆的空调系统利用了地源热泵技术，利用地能集中供暖；水岸护坡、停车场采用了生态草格、生态混凝土等材料，既起到了承重护坡的功能，又达到了生态节约的效果；园区灌溉系统利用园区自身水体作为水源，采用喷灌、滴灌、微灌等技术，做到合理节约使用场地资源。第八届（镇江）

园博会在博览园设置规划了湿生植物展示区，集中展示湿生植物新品种，探索湿地生态景观建设的新模式，同时要求各个展园的设计方案要充分利用其滨江傍水的立地条件，在营造生态节约型园林景观方面形成特色，使博览园成为节约型园林的典范。第九届（苏州）园博会秉持自然积存、自然渗透、自然净化的“海绵城市”的理念，在保证原有的景观功能不缺失、设计标准不降低、园林品质有新意的前提下，最大限度保留了原有的主要河流、湿地和沟渠等水生态敏感区，结合生态绿沟、雨水花园、集雨型绿地的设计，实施雨水收集、管理等一系列循环利用措施，营造了约27公顷的水域，创造了超过50万立方米的蓄水能力，将集约型园林和海绵城市的各项技术应用在全园范围内。

【媒体链接】苏州园博成首个“海绵公园”，记者了解到，苏州园博会第一次大规模实践生态环保理念，将海绵技术运用到博览园的每个角落，成就了苏州首个生态海绵公园，依托苏州吴中1486平方公里太湖水城，结合太湖水环境综合治理及全省村庄整治新技术的集成应用与示范，第一次全覆盖应用海绵技术，打造苏州首个大型“海绵公园”。（《扬子晚报》）

图 4-18　第六届（泰州）园博会将节约型园林建设理念与乡土特色塑造相结合

图 4-19　第九届（苏州）园博会集雨型绿地建设和海绵技术展示

图 4-20　第六届（泰州）园博会推进低影响开发理念应用

历届园博会都推行节约型绿化机制，促进了全省各个城市的园林绿化工作践行节约型园林建设理念，如盐城东台东进路节约型道路绿化工程，以乡土树种组织绿地建设，按植物生理特性科学配置植物，优选规格适中的全冠苗木。道路建设以“绿化、美化、生态”理念为指引， 践行节约型、生态型园林绿化建设理念，通过乡土适生树种的科学搭配，对两侧各 6 米宽分车带、40 米宽边分带绿化景观带进行改造提升，营造出自然生态的道路景观，建成绿地总面积约 53.7 公顷，彰显了城市的地域特色和生态风貌。

（二）提升城市空间品质

江苏省园博会已然成为优化城市环境、提升城市品质、丰富群众精神文化生活的重要载体，吸引了大批游客前来参观考察，提升了承办城市、参展城市的知名度和影响力，不仅通过园林园艺弘扬了承办城市的传统文化特征、展示了当地地域特色、积极宣扬了城市风貌等，也向广大游客展示了参展城市的不俗魅力，提升了参展城市的知名度与美誉度。

图 4-21　第四届（淮安）园博会对提升城市品质发挥了重要作用

1. 丰富城市绿地空间

秉持以人为本、服务大众的原则，每一届园博会，除了给举办城市带来园林绿地面积的增加、城市环境面貌的改善外，还为举办城市留下一个高水平、永久性的综合性城市公园，成为城市建设的一大亮点。园博会的意义不仅仅在于短期的园林园艺展，亦在于为百姓提供了丰富的活动空间、绿色的户外客厅、休闲共享的后花园。通过园博会的建设推进城市公园免费开放，充分发挥公园绿地改善生态、休闲健身、传承文化、科普教育、防灾避险等综合功能。第四届（淮安）园博会博览园（钵池山公园），选址于淮安新城区中心，会后作为向大众敞开的公共休闲绿地，为居民增加了一片大型公共空间，每天清晨、傍晚，这里人流如织，挤满了前来晨练散步的人们；每逢传统节日，钵池山公园会举办充满节日气息的元宵灯会、端午龙舟赛、中秋赏月活动等，为百姓提供了丰富的活动场所，丰富了城市绿地的功能。第五届（南通）园博会，首次将博览园选址于风景名胜区内，通过梳理山水资源要素，对狼山风景名胜区进行环境综合整治，拓展出新的风景游览景区，打造了一座城市郊野公园。

据统计，十届园博会共为承办城市留下了总规模达 8 平方公里的大型公园绿地。每一届园博会吸引了大批游客前往参观考察，据不完全统计，仅在园博会展会期间，十届园博会共接待游客 1200 多万人次，累计接待游客量过亿。众多新闻媒体均做了及时生动直观的报道，宣传展示了各参展城市的建设成就、城乡面貌新变化以及城市的历史文化。

图 4-22　江苏省园博会的举办丰富了城市绿地空间

图 4-23　第四届（淮安）园博会博览园会后成为市民茶余饭后晨练的休闲场所

图 4-24　第二届（徐州）园博会加速了徐州云龙公园及周边区域的城市更新

2. 加快城乡更新步伐

在自然生态的理念指导下，园博会已逐渐成为各主办城市加速城市更新步伐的契机，“协助”了诸多城市解决城市发展中存在的问题和压力。

第二届（徐州）园博会，通过对云龙公园进行景观环境整体优化与设施配套，首次尝试老旧公园改造与提档升级的新途径，并对城市进行全面环境整治，对全市主次干道进行提档升级，对各大商场、公园、车站、宾馆等公共空间进行整治与更新，优美的环境、优良的秩序、优质的服务得到了广大市民和游客的肯定和称赞，扩大了徐州的知名度。

第四届（淮安）园博会服务于城市发展与旧城改造，借着园博契机，关停砖瓦砂石企业，对区域原来杂草丛生、污水横流的低洼地块进行整合改造，大力整治全市环境，通过园林绿化建设“催生”了废弃地的重生，并将城市更新、改善城市生态环境的工作延续到园博会后的城市工作中去。

第六届（泰州）园博会带动周山河街区乃至泰州新城区的开发建设，新增绿色公共空间，提升环境与景观质量，把一个相对杂乱的农村聚居地建设为具有浓厚现代气息的城市街区，成为泰州市继引江河、凤城河之后的第三大景观区。

第九届（苏州）园博会通过基地内自然村落的保留，梳理环境，鼓励居民参与互动，将庭院绿化作品展植入当地居民生活空间，让当地居民享受到园博福利，为村落环境改善、品质提升提供示范。

图 4-25　第四届（淮安）园博会加快了全市环境的大力整治，“废弃地”得以重生

图 4-26　第九届（苏州）园博会保留、整合柳舍村建设美丽乡村

3. 促进城市形象构建

园博会的举办不仅通过园林园艺弘扬了承办城市的传统文化特征，展示了当地民俗特色，积极宣扬了城市风貌，更向广大游客展示了参展城市的魅力，提升了参展城市的知名度与美誉度，对构建城市形象，促进城市发展有着至关重要的作用。

从第一届园博会至第十届园博会的近二十年里，每届园博会都引来了社会各界的高度关注，“园博”话题激增，成为构建城市形象的重要媒介。每一届的园博主题、吉祥物、前后举办的园博活动等都推动了城市文化名片、城市形象的宣传。第二届（徐州）园博会举办过程中，不少游客反映“我们看到的不仅是一个花团锦簇的园博园，而且看到了一个面貌全新、欣欣向荣的新徐州，园博园是徐州的又一张城市名片，对徐州走向全国，走向世界起到了积极的作用”。第四届（淮安）园博会对园博形象进行了专业的 VI 设计。第七届（宿迁）园博会结合主办城市、参展城市设计了系列园博纪念邮票，对大众眼中城市形象的构建起着至关重要的作用。

图 4-27　园博会注重开发系列纪念品宣传城市形象

图 4-28　第二届（徐州）园博会博览园会后成为城市形象名片

图 4-29　第十届（扬州）园博会促进了仪征市区域基础设施的建设

图 4-30　第十届（扬州）园博会提高了枣林湾地区的可进入性

图 4-31　第六届（泰州）园博会极大改善了城市的基础设施条件

（三）激活城市区域发展

每届博览园的选址和建设模式，都经过对承办城市的城市规划及经济社会发展的通盘谋划。园博搭台、经济唱戏，园博会给承办城市带来的关联经济效应，远远大于会展本身，它正以“点”带动全域，触发“蝴蝶效应”。不仅使与园林相关的园艺花卉、园林设备、造园材料等配套产业实现可观的增长，而且在城市贸易、环保和城市品牌的传播上助力良多，更有效带动了文化旅游业和现代服务业的发展，加速了休闲娱乐、高端会展等特色产业体系的构建，通过举办一系列文化、经贸活动，实现了以园办会、以会兴业、以业富民，为城市经济发展注入了新的活力与动力。

1. 促进基础设施改善

通过园博会的举办而带来的交通网络升级，不仅为省内外游客游览博览园提供了便利的交通服务，更改善了市民公共交通条件。历届园博会，都是举办地基础设施网络得以改善甚至提前改善的重要推力，它将普通城市地块变成极具地方特色的园林景观集中地，促进举办地周边区域文旅设施、交通停车系统及食宿配套服务设施的完善，进一步带动了当地的发展，促进了城市更新的完善，并将长期服务于广大市民和游客。园博会建设带来的红利正转化为市民美好生活的基础。

【媒体链接】2008 年 3 月，与白马毗邻的园博园全面启动建设。白马镇党委、政府一班人认为，白马新一轮发展机遇来临。“园博园带来了巨大的人气集聚效应，日均游客上万人，白马首先要做的就是将园博园的游客吸引到白马来。”（《泰州日报》）

【媒体链接】11 月 16 日，伴随着钻机轰鸣，328 国道改扩建工程仪征汉金大道互通第一根钻孔桩开钻，328 国道仪征段改扩建工程拉开建设序幕。“汉金大道将是仪征版图上未来南北向的重要主动脉，借园博会建设契机，跨越铁路的大桥获批，明年 8 月整个工程就能顺利完成。”仪征两园建设指挥部负责人告诉记者。（《新华日报》）

2. 促进产业发展转型

园博会举办城市遵循园林园艺产业发展规律，积极推动展销结合，大力推介新工艺、新产品，培育引导花木园艺消费潮流，促进产业链上下游延展，推动园博活动向消费终端延伸。如第六届（泰州）园博会上推出自衍花卉，由于其适应性较强，栽培管理简单，能延续自繁，已成为省内外园林绿化应用的畅销品种，有效拉动上游花木产业的发展。

第七届（宿迁）园博会的举办使城市发展形态趋于成熟，大大拉动了宿迁旅游业的发展，开幕期间园博园游园人数超过 110 万人次，其中外地游客达到近 25 万人次，“十一”黄金周游客超过 60 万人次，是宿迁建市以来单个景点在黄金周期间达到的最高人次，黄金周旅游业收入达到 15.3 亿元，是上一年同期的 2.5 倍。园博会闭幕后，博览园利用原有主展馆等设施，改造建设了湖滨浴场、嬉戏谷动漫王国、中国水城——欢乐岛等项目，充分发挥园博园良好的自然景观条件，把该区域已打造成风景秀丽、虚实结合、古今荟萃、中外融合的度假休闲式主题公园，以及国家 AAAA 级旅游景区、省级森林公园、省级自驾游基地，成为宿迁旅游新名片，促进了该地区的产业转型。闭幕后的园博园（湖滨公园）历年游客量总数呈上升趋势，截至 2018 年上半年，游客量总计 433 万人次，对旅游业的带动趋势日渐彰显。

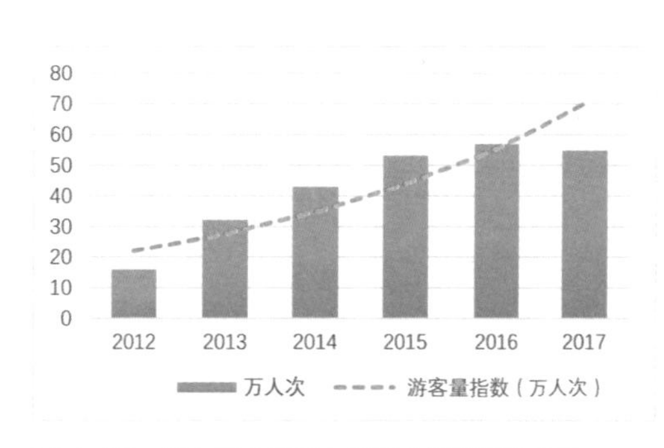

图 4-32　第七届（宿迁）园博会闭幕后游客量

图 4-33 第七届（宿迁）园博会博览园已成为宿迁重要的旅游目的地

第二届（徐州）园博会期间共计展出各类观赏石 1 180 块，交易金额 52.5 万元，不少来宾和商客对徐州丰富的奇石资源和产业影响力表示出浓厚的兴趣，对徐州赏石产业的形成和发展起到了有利的推动作用。园艺、插花、根雕、名花异卉、精品园艺等展示同样激励了相关产业的发展，为相关行业带来了一定的经济效益。园博会开园半月时间，仅门票收入在当时就达到 200 万元，旅游经济效益可观。

通过第五届（南通）园博会的举办，狼山风景名胜区的旅游品牌影响力得到了大幅提升，狼山区域基础设施得到完善，促成了狼山风景名胜区周边旅游度假区的形成，带动新城向滨

江发展。如今，该博览园已成为市民活动的场所，也成为狼山风景名胜区重要的组成部分。

第九届（苏州）园博会则成为环太湖旅游产业转型的引擎，激活带动环太湖旅游的重要节点。以园博会为契机，苏州提升了旅游度假配套服务功能和设施，将原有临时停车场总计20 公顷用地用于无污染大健康产业等高新技术产业的研究基地，同时打造集主题康养、无动力乐园、温泉康养、非遗户外拓展等亲子、互动、休闲功能于一体的旅游综合体，通过提升自身核心吸引力，带动周边发展，形成了产业互补配套的转型机制。

图 4-34　第五届（南通）园博会博览园成为狼山风景名胜区的重要拓展区和南通滨江风光带的重要节点

图4-35　第九届（苏州）园博会博览园已成为环太湖旅游带上的重要节点

图4-36　第九届（苏州）园博会博览园建设前后对比

图 4-37　第七届（宿迁）园博会带动了湖滨新城的土地增值

以第十届（扬州）园博会为核心，仅在枣林湾地区全域 68 平方公里，将全面纳入配套服务圈层。在既有国内最大的山地户外体育公园、国内单体最大的芍药展示基地、华东最大的越野体验基地和江北重要的温泉度假基地的基础上，还通过招商引资，启动占地 5.2 平方公里的铜山体育特色小镇以及园博村等建设。

随着铜山体育特色小镇和园博村建设工作启动，这些项目与园博园区域相连，路网相通，促进生态旅游、健康养老、运动健身三大产业集聚发展。在更大范围内，以“园博”为新引擎的枣林湾生态园，已成为扬州东水西山大旅游格局中“西山”板块龙头，同时与 S353 生态旅游经济带沿线景点优势互补、人气共享。

【媒体链接】仪征园博建设指挥部负责人告诉记者：未来几年，仪征还将借助“园博”契机，着力争创国家级旅游度假区和国家全域旅游示范市两块“金字招牌”，加快打造“宁镇扬都市后花园”。目前已委托专业团队，编制仪征市旅游发展规划，以形成一张看得见、可操作的发展蓝图，统领、指导全市旅游发展。未来，这里将有园艺疗养产业社区、庭院式分时度假酒店、乡村社区商业中心等配套。宁镇扬地域中心将出现一个绿色生态产业高地。（《新华日报》）

3. 促进片区土地增值

博览园建设与区域环境整治提升，直接带动周边土地大幅升值，推动了城市更新改造与新城区开发，形成了建设一个园博展园、促进一个区域发展、提升一个城市品质的“园博效应”。建成后的园博园成为当地重要的景点之一，以其独特的建园理念吸引来自省内外的游客观光，以园博为契机，进一步完善的基础设施和片区整体生态环境、人居环境的改善，明显带动了片区周边土地增值的溢价效应，进而带动了区域休闲产业的发展，促进当地文化的传播，加速文化旅游等特色产业体系的构建，随之而来的，则是城市品牌在城际间、省际间传播的良性循环，大大提升了区域的知名度。

第六届（泰州）园博会选址地点，2009 年周边服务设施不配套，仅有少量医院、学校等基础社会服务设施，医院和学校属于工业性用地，土地价格为 500 万元 / 亩，截至 2018 年 4 月，土地价格已上涨到 1000 万元 / 亩。第七届（宿迁）园博会也促进了骆马湖畔湖滨公园及周边区域的发展，带动了该片区的土地增值。

三、丰富百姓生活

传统园林大多地处深宅大院，远离普通百姓，博览园的建设，则是在开敞的空间塑造新的生态园林，面向全社会展示园林艺术精华，使园林园艺成为服务大众的公共艺术，为广大群众带来看得见、摸得着、享受得到的实惠。

每届园博会都把普及园林知识、传承人文精神、传播现代文明作为重要内容，让更多的市民了解园博会、支持园博会、参与园博会。江苏省园博会通过经常性举办花事园艺活动，引导花卉进入千家万户，引导居民开展庭院、阳台、露台绿化美化，发挥园林园艺在扮美城市生活、提高全社会审美能力方面的积极作用，以更多的园林园艺产品为大众熟知和接受，成为市民消费新趋势、品质生活新元素。

【媒体链接】“我们这次参与‘民生幸福在江苏，全国网络媒体行’活动跑，跑了江苏好几个城市，单感觉宿迁环境最美，天高、地阔、路宽、树多，空气清新，真是一座园林城市，生活在这里的市民好幸福。”（新华报业网）

江苏园艺博览会最大的受益者是人民群众，民众不仅可拥有更多的游憩场所，也更多地获得园林生活、园林文化的知识与乐趣。一座高品质的博览园留给承办城市，为城市居民新增一处游憩场所，市民获得感油然而生。博览会开展的花卉花艺、插花艺术、阳台园艺等系列互动体验活动，让园林园艺走进普通百姓的生活与工作空间，传播园林文化，引导民众崇尚美丽生活、品质生活，也为各类场所空间的园艺活动提供借鉴，具有良好的社会效益。

【媒体链接】“真好！我去过很多届园博会、花博会，对比之下，苏州的这次园博会还是蛮有味道的，无论是从建筑还是植物景观，都让人有耳目一新的感觉，尤其是被雨水滋润后的景观很有水墨画的意趣。慢慢地逛逛展园，可以充分感受到这些园林景观里的江南味道，同时，许多展览也代表了具有前沿性的室内园艺风采，我们家庭都可以学着那样布置。园博会好看的东西多！”（新浪网）

（一）提供多彩园事活动

博览园的举办既着眼于城市未来发展，又能方便市民休闲出游和外地游客观光，并促进了“城市公园绿地 10 分钟服务圈”的惠民便民举措的落实和城市绿色开放空间体系的形成，并通过统筹规划设计、精心谋划，形成展馆、景观、休闲等特色鲜明的分区，合理确定各类建筑和设施的功能定位，建成强调后续利用、向公众开放、名副其实的城市“绿色客厅”和新的风景游览地。

1. 会期园事活动多样

顺应人们对美化生活环境的时尚追求，园博会注重贴近百姓举办各项园事花事展览和互动体验活动，每届园博会展期间都会组织插花、盆景、赏石、书画、摄影等专题展览，举办园林园艺科技论坛传授插花艺术、植物布展、园艺栽培等知识。通过庭院绿化、花卉花艺、阳台园艺等专题展示活动，为园林园艺走进公众场所与生活空间提供样本，引领美好生活。

图 4-38　园博会展馆内举办的儿童书画活动

第二届（徐州）园博会园艺精品展和龙舟邀请赛接待游客 18 万人次。第六届（泰州）园博会，除了传统的盆景、插花、赏石、园艺精品展示外，还设立了紧扣“人与自然”主题的园林绿化专题摄影和书画艺术展，并对江苏省盆景艺术大师的作品进行集中展出，展示江苏省优秀传统园林艺术。第九届（苏州）园博会结合民居出新规划了庭院绿化展区，建设布置不同风格的样本庭院和绿化装饰示范阳台，使园林园艺真正植入百姓生活，也使园博会成为一项实事工程、民心工程。

【媒体链接】“看了园博园，最大的感受是，博览园真美！园艺并非遥不可及，就在我们生活中。”游客说，“博览园展馆里有一些办公、居家的花卉装饰展示，显得生活气息很浓。原以为园艺花卉和普通人的生活遥远，今天才发现，园艺真的很贴近生活。”（《宿迁日报》）

【媒体链接】经过 2 年多时间的建设筹备，4 月 18 日，以“水墨江南 · 园林生活”为主题的第九届江苏省园艺博览会在苏州太湖之畔盛大开幕。园博会开幕首日就吸引了 16 824 人第一时间游园，在花海田园中感受“一园江南梦”。省内 12 个城市展园主题鲜明，争奇斗艳，踏进园子，游客可以尽情领略江苏不同城市的园林园艺发展，寻找沉淀许久的乡愁。（《扬子晚报》）

2. 会后园博活力延续

丰富的园事花事活动不仅在园博会期间举办，而且会一直延续到园博会闭幕以后。第六届（泰州）园博会博览园，会展期间活动丰富，会后更名天德湖公园，在园内举办了丰富的画展、奇石展、摄影展、插花比赛等，逢节假日则结合传统节日举办各类活动，如春节期间的大型灯展、“我们的端午、我们的节日”“七夕水上狂欢节”和为期一个月的“水上乐翻天”等亲民惠民的民俗活动及表演，大大丰富了百姓的业余生活，也体现了对传统园林文化的延续。

第十届（扬州）园博会则是在开园之前就举办了丰富的活动，如“两园”杯 2017 年江苏省青少年自行车锦标赛、园博茶话会、“园艺开讲啦”等系列活动，“百变空间、花样生活”展征集，“圆圆满满亲子萌芽活动”“园艺梦想家”等。园博茶话会邀请专家学者畅所欲言，发表真知灼见，为当地的发展集思广益，推动高质量发展和持续发展，在办好园博会的同时，同步谋划后园博时代运行管理，努力使园博会留下一批园林景点，形成新的旅游热点。

图 4-39　园博会系列活动之“园艺梦想家”系列活动

图 4-40　园博主题运动会

图 4-41　园博时代发展论坛活动

（二）传递绿色健康理念

江苏省园博会主张的尊重自然、顺应自然、师法自然的科学绿色的建设理念，由园博会延伸到园林绿地建设，更延伸到对城市山水资源的保护。推崇低影响开发建设，通过绿色屋顶、海绵技术、垂直绿化等生态技术，向百姓科普节约发展的环保理念。游园观展的过程，不仅是优美环境的视觉享受，健康环保理念的科普，更是绿色理念的身心洗礼。

图 4-42　市民在园博会博览园中享受绿色盛宴

1. 普及园林园艺知识

各届园博会在会展期间组织了丰富的活动，如插花、阳台花卉、花艺等，使更多的园林园艺产品为大家熟知接受。这不仅丰富了大家的业余生活，更以轻松愉快的方式传达园林园艺知识，让大家接受园林园艺文化的熏陶与浸润。

图 4-43　第九届（苏州）园艺博览会海绵专题展

图 4-44　园博会展示传统盆景艺术

2. 推广园林园艺活动

一路走来的园博会，在会展前后举办了园艺讲堂、各类园艺展览等系列园林园艺活动，培育和引导了人们的审美观、消费观，成为市民消费新趋势、品质生活新元素。第十届（扬州）园博会还未开园，主办方就精心组织了名为“园艺开讲啦”“园艺进万家”等公益活动。公益巡讲活动邀请风景园林行业的大师、专家、学者等为大家解读园艺博览会，弘扬传统园林园艺技艺。

图 4-45　第十届（扬州）园博会“园艺进万家”活动